工程制图与 3D 建模习题集

主　编　张　贺　朱　爽
副主编　郭维城　宗宇鹏

北京理工大学出版社
BEIJING INSTITUTE OF TECHNOLOGY PRESS

内 容 简 介

本书为《工程制图与3D建模》的配套习题集，以"应用型高级工程技术人才"培养目标为依据，遵循"以应用为目的，以必需、够用为度"的原则进行编写。全书共分8章，主要包括制图的基本知识与技能、投影基础、组合体、机件的常用表达方法、标准件与常用件、零件图、装配图和计算机绘图。学习者可根据需要选择难度适宜的习题。

本书可作为本科高等学校机械类及近机类各专业的教学用书。

版权专有　侵权必究

图书在版编目（CIP）数据

工程制图与3D建模习题集／张贺，朱爽主编. —北京：北京理工大学出版社，2019.8（2021.8重印）
ISBN 978-7-5682-7417-3

Ⅰ. ①工⋯　Ⅱ. ①张⋯ ②朱⋯　Ⅲ. ①工程制图-计算机辅助设计-高等学校-习题集　Ⅳ. ①TB237-44

中国版本图书馆 CIP 数据核字（2019）第 170164 号

出版发行 ／ 北京理工大学出版社有限责任公司	
社　　址 ／ 北京市海淀区中关村南大街5号	
邮　　编 ／ 100081	
电　　话 ／ （010）68914775（总编室）	
（010）82562903（教材售后服务热线）	
（010）68948351（其他图书服务热线）	
网　　址 ／ http：//www.bitpress.com.cn	
经　　销 ／ 全国各地新华书店	
印　　刷 ／ 三河市天利华印刷装订有限公司	
开　　本 ／ 787 毫米×1092 毫米　1/16	
印　　张 ／ 7.25	责任编辑／莫　莉
字　　数 ／ 146 千字	文案编辑／赵　轩
版　　次 ／ 2019 年 8 月第 1 版　2021 年 8 月第 2 次印刷	责任校对／杜　枝
定　　价 ／ 30.00 元	责任印制／李志强

图书出现印装质量问题，请拨打售后服务热线，本社负责调换

前 言

制图课程是一门实践性很强的技术基础课，为了更好地学习和掌握该门课程的基本理论和基本技能，提高空间想象力和创造力，大量画图和看图的练习是必经之路。本书根据教育部高等学校工程图学教学指导分委员会2015年制定的"普通高等学校本科工程图学课程教学基本要求"，以"应用型高级工程技术人才"培养目标为依据，遵循"以应用为目的，以必需、够用为度"的原则进行编写，与《工程制图与3D建模》教材配套使用。

为便于组织教学，本习题集的编排次序与教材体系基本保持一致，内容除传统尺规作图外，增加了徒手绘图和计算机绘图（2D、3D可以根据学习者实际情况进行选做），以加强培养3D设计的思维能力。

参加本书编写的有：沈阳职业技术学院宗宇鹏（第1章、第2章），沈阳工程学院朱爽（第3章、第4章）、张贺（第5章、第6章、第7章）、郭维城（第8章）。本书由沈阳工程学院张贺、朱爽主编。此外，航空工业沈阳飞机工业（集团）有限公司杨雨东、潘良对工程图内容的编写给予了大力支持，在此致以诚挚谢意。

本书的编写与出版得到了沈阳工程学院教务处，以及机械学院相关人员的大力支持和帮助，在此一并表示感谢。

由于时间仓促，加之编者水平有限，书中错误在所难免，敬请读者批评指正。

编　者
2019年5月

目 录

第1章 制图的基本知识与技能 ……………………… (1)
  1.1 字体练习 …………………………………… (1)
  1.2 图线练习 …………………………………… (2)
  1.3 几何作图 …………………………………… (3)
  1.4 尺寸标注 …………………………………… (4)
  1.5 徒手绘图 …………………………………… (6)
  1.6 平面图形综合作业 ………………………… (7)

第2章 投影基础 ……………………………………… (8)
  2.1 几何元素的投影 …………………………… (8)
  2.2 立体与三视图 ……………………………… (11)
  2.3 平面立体及其截切 ………………………… (13)
  2.4 曲面立体及其截切 ………………………… (16)
  2.5 立体相贯 …………………………………… (20)

第3章 组合体 ………………………………………… (22)
  3.1 组合体的表面连接关系 …………………… (22)
  3.2 组合体的三视图 …………………………… (23)
  3.3 组合体读图 ………………………………… (27)
  3.4 组合体的尺寸标注 ………………………… (34)
  3.5 组合体综合作业 …………………………… (39)
  3.6 轴测图 ……………………………………… (41)

第4章 机件的常用表达方法 ………………………… (43)
  4.1 视图 ………………………………………… (43)
  4.2 剖视图 ……………………………………… (53)
  4.3 断面图 ……………………………………… (55)
  4.4 表达方法综合作业 ………………………… (58)

第5章 标准件与常用件 ……………………………… (60)
  5.1 螺纹的规定画法及代号 …………………… (60)
  5.2 螺纹紧固件的标记及连接画法 …………… (62)
  5.3 键、销、滚动轴承、弹簧的标记及画法 … (65)
  5.4 齿轮的画法 ………………………………… (67)

第6章 零件图 ………………………………………… (69)
  6.1 零件图的技术要求 ………………………… (69)
  6.2 零件图的视图表达及尺寸标注 …………… (72)
  6.3 读零件图 …………………………………… (75)

6.4 零件图综合作业 ……………………… (79)
第 7 章 装配图 ………………………………… (81)
7.1 由零件图画装配图 …………………… (81)
7.2 读装配图 ……………………………… (90)
第 8 章 计算机绘图 …………………………… (94)
8.1 平面图形绘制（可自选 Pro/E 和 AutoCAD 软件绘制）
……………………………………………… (94)

8.2 组合体的 3D 建模 …………………… (96)
8.3 标准件与常用件的 3D 建模 ………… (100)
8.4 典型零件的 3D 建模 ………………… (101)
8.5 AutoCAD 绘制零件图和装配图 …… (103)
参考文献 ……………………………………… (107)

第1章 制图的基本知识与技能

1.1 字体练习　　　班级：_____　学号：_____　姓名：_____

机械制图国家标准字体工整笔画清楚间隔均匀排列整齐

技术要求审核材料比例质量件数图号倒角未注铸造圆角

ABCDEFGHIJKLMN　　　abcdefghijklmn

0123456789　　　R5　M36×2　ø30H7　18⁺⁰·⁰⁴³

1.2 图线练习

班级：_____ 学号：_____ 姓名：_____

1. 在指定位置，按照示例画出下列图线和图形。

(1)

(2)

(3)

(4)

1.3 几何作图　　　　　　　　　　　　　班级：_____　学号：_____　姓名：_____

1. 按1：1的比例在指定位置画出所示图形。
(1) 斜度

(2) 锥度

2. 按1：1的比例在指定位置画出所示图形，不标尺寸。

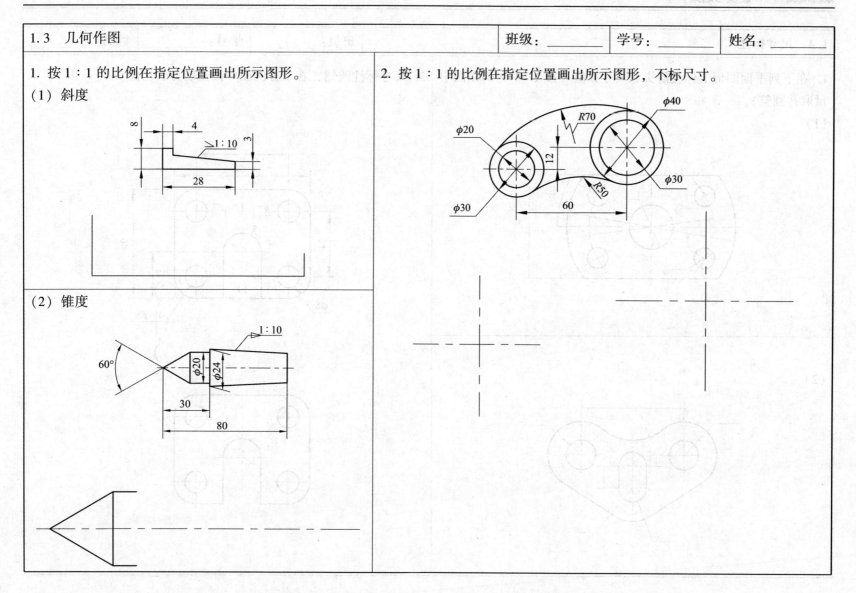

| 1.4 尺寸标注 | 班级：_____ 学号：_____ 姓名：_____ |

1. 在下列平面图形上标注箭头和尺寸数值（按1:1比例在图中量取并圆整）。

（1）

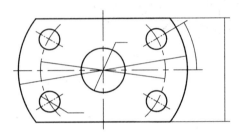

2. 尺寸标注改错，在下方的图中按正确方法标注。

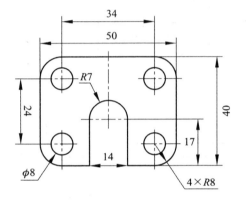

（2）

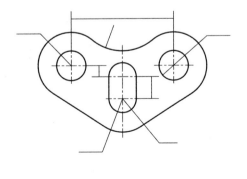

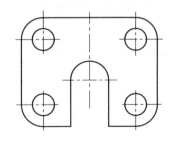

1.4 尺寸标注　　　　　　　　　　　　　　　　　　　班级：＿＿＿＿　学号：＿＿＿＿　姓名：＿＿＿＿

3. 在平面图形上标注尺寸（按 1∶1 比例在图中量取并圆整）。

(1)

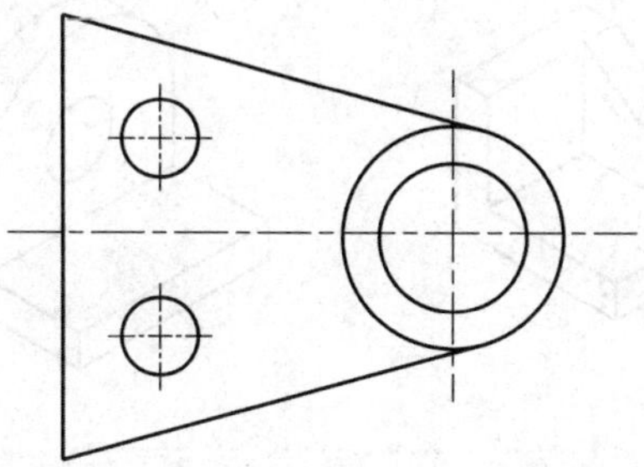

(2)

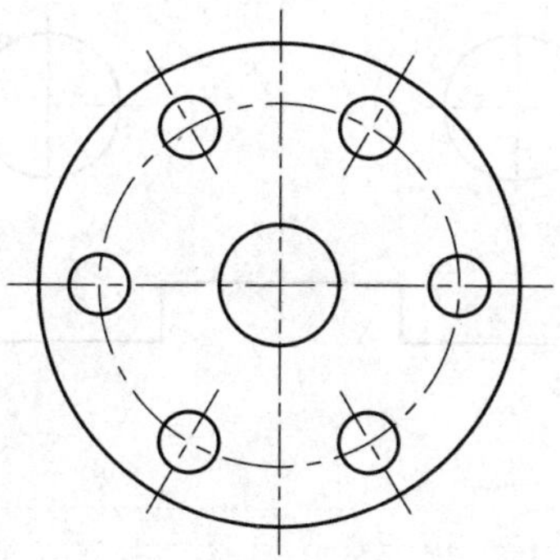

(3)

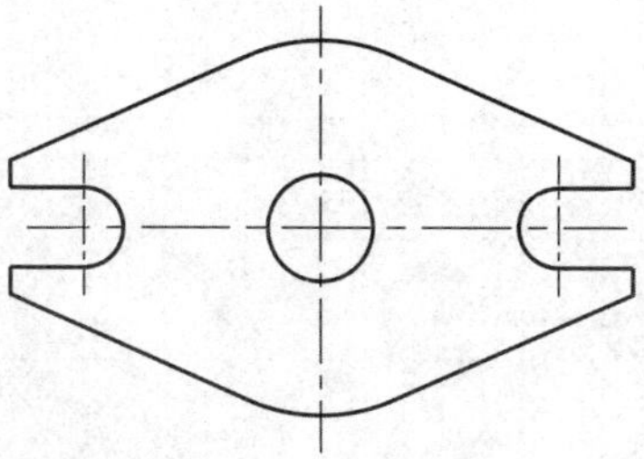

(4)

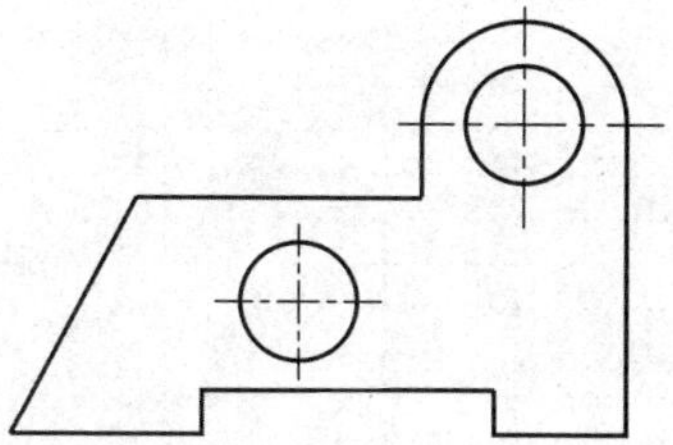

| 1.5　徒手绘图 | 班级：＿＿＿　学号：＿＿＿　姓名：＿＿＿ |

1. 按1：1的比例在下面的网格线内徒手抄画所示平面图形。

2. 根据已知立体图，目测比例，在下面的网格线内徒手绘制其正等轴测图。

1.6 平面图形综合作业　　　　　　　　　　　　　　　　　　　　班级：_____　　学号：_____　　姓名：_____

1. 内容：任选一题，在 A4 图纸上用 1∶1 的比例抄绘图形，并标注尺寸。
2. 目的：初步掌握机械制图中的国家标准相关规定，学会绘图工具的使用方法；掌握圆弧连接的作图方法，以及平面图形绘制的方法和步骤。
3. 要求：图形正确，图线连接光滑；线型正确，粗细分明；字体工整，标注规范；布图合理，图面整洁。
4. 步骤及注意事项：绘图前应认真对所画图形进行尺寸及线段的分析，确定作图步骤；打底稿，按规定绘制图框线和标题栏；画图形的基准线、对称中心线及圆的中心线等，并且注意布图，预留标注尺寸的位置；检查底稿，修改后清理图面，按规定描深图线，注意图线的均匀性和一致性；标注尺寸，填写标题栏。

(1)　　　　　　　　　　　　　　　　　　　　　　　　　(2)

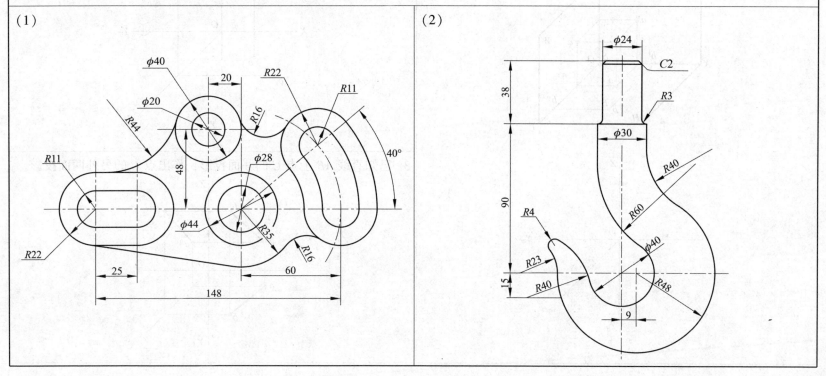

第 2 章 投影基础

| 2.1 几何元素的投影 | 班级：_____ 学号：_____ 姓名：_____ |

1. 根据 A、B、C 三点的轴测图，作出它们的投影图（从轴测图上量取坐标）。

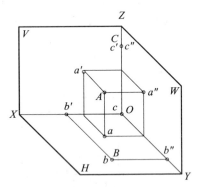

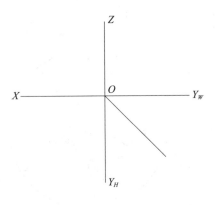

2. 已知 A、B、C 三点的两面投影，作出其第三面投影。

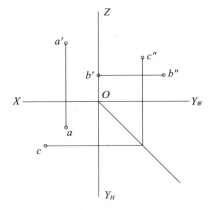

3. 已知直线 AB 上点 C 的一面投影，作出点 C 的另外两面投影。

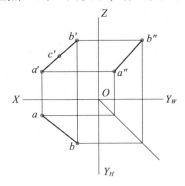

2.1 几何元素的投影

班级：_____ 学号：_____ 姓名：_____

4. 判断下列各直线对投影面的相对位置，并作直线的第三面投影。

_____线　　　_____线　　　_____线　　　_____线

5. 判断下列各平面对投影面的相对位置，并作平面的第三面投影。

_____面　　　_____面　　　_____面　　　_____面

2.1 几何元素的投影

班级：_____ 学号：_____ 姓名：_____

6. 根据立体图，将直线与平面的投影标注在对应的视图中，并判别其与投影面的相对位置。

（1）

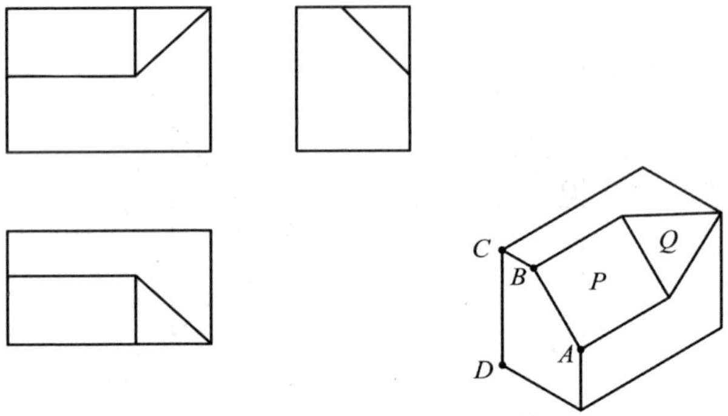

AB 是_____直线　　CD 是_____直线

P 面是_____平面　　Q 面是_____平面

（2）

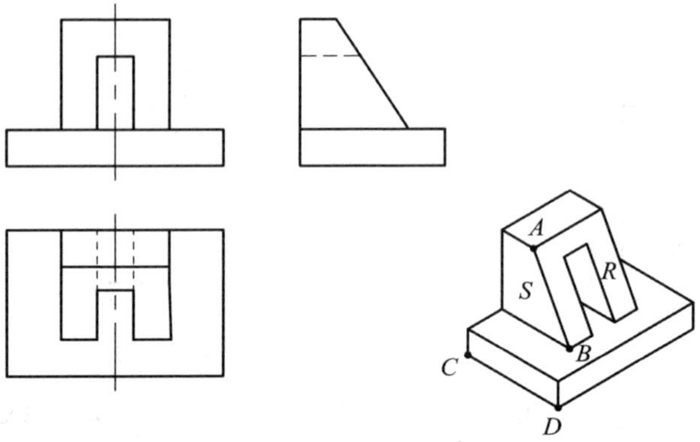

AB 是_____直线　　CD 是_____直线

R 面是_____平面　　S 面是_____平面

（3）

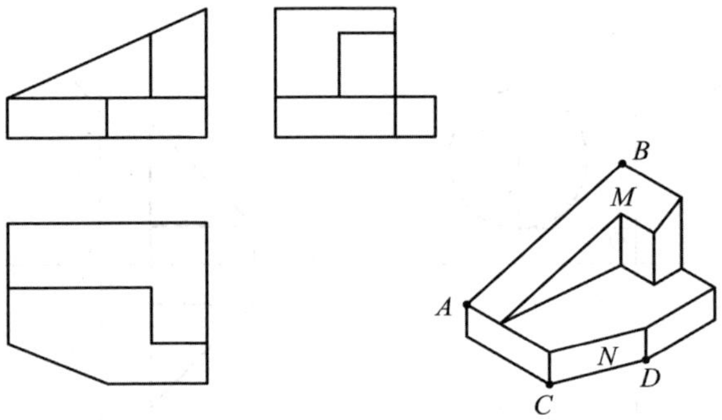

AB 是_____直线　　CD 是_____直线

M 面是_____平面　　N 面是_____平面

（4）

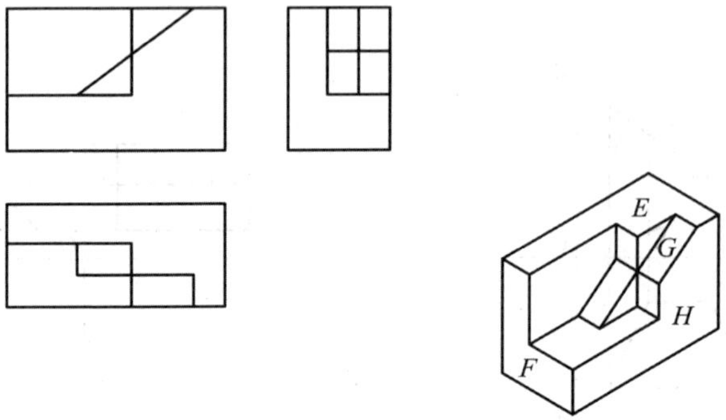

E 面是_____平面　　F 面是_____平面

G 面是_____平面　　H 面是_____平面

2.2 立体与三视图　　　　　　　　　　　　　　　　班级：＿＿＿＿　学号：＿＿＿＿　姓名：＿＿＿＿

1. 找出与三视图对应的立体，将序号填入括号内。

2.2 立体与三视图

班级：_____ 学号：_____ 姓名：_____

2. 根据立体图找出对应的三视图，将视图序号填入表内。（箭头所示方向为主视图方向）

	A	B	C	D	E	F
主视图						
俯视图						
左视图						

2.3 平面立体及其截切　　　　　　　　　　　　班级：_____　学号：_____　姓名：_____

1. 补画平面立体的第三视图。

(1)

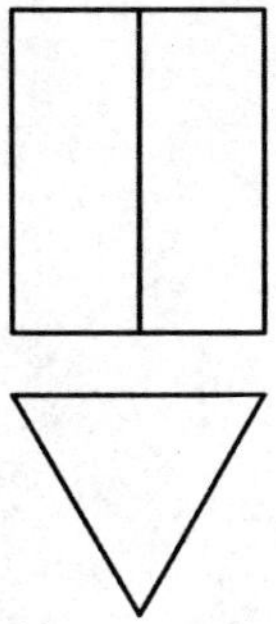

(2)

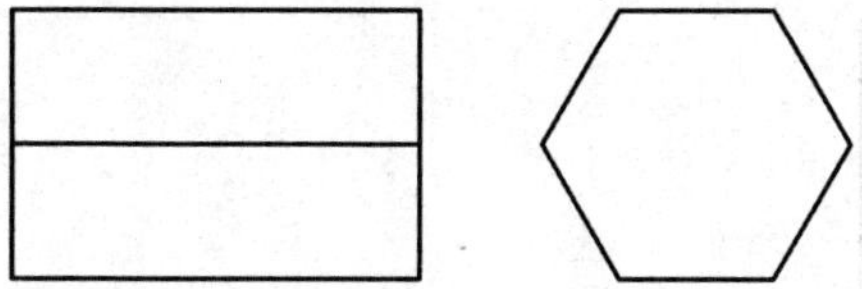

(3)

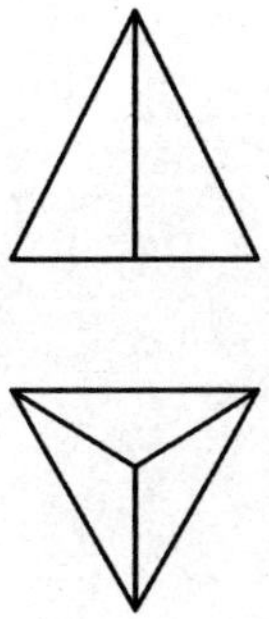

(4)

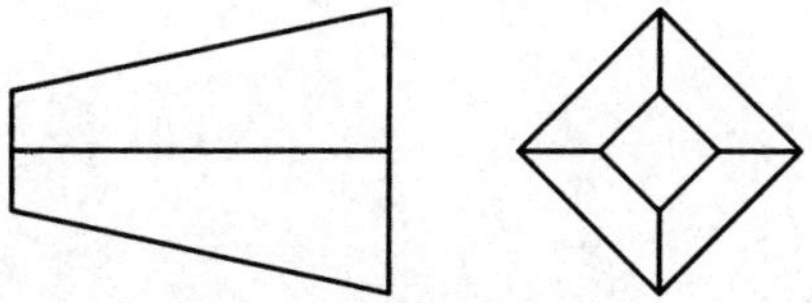

2.3　平面立体及其截切

班级：_____　学号：_____　姓名：_____

2. 补全截切体（平面立体）的第三视图及其他视图中所缺图线。

(1)

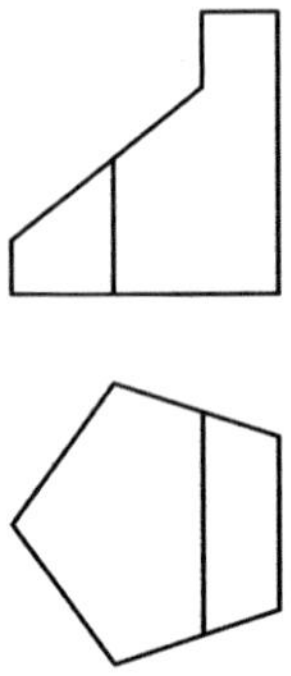

(2)

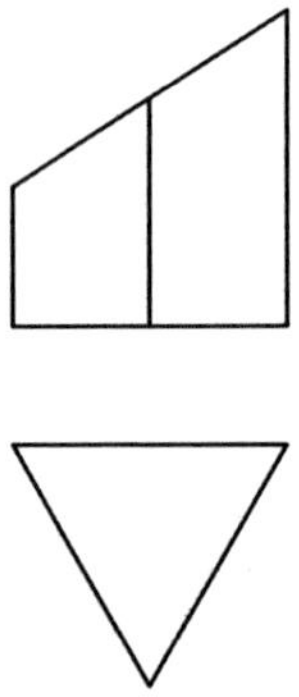

(3)

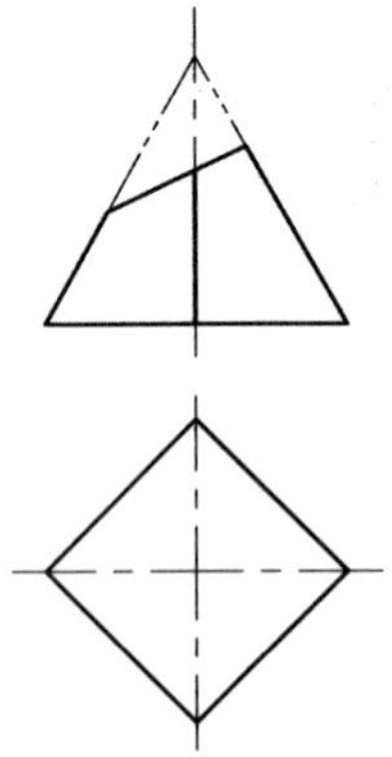

(4)

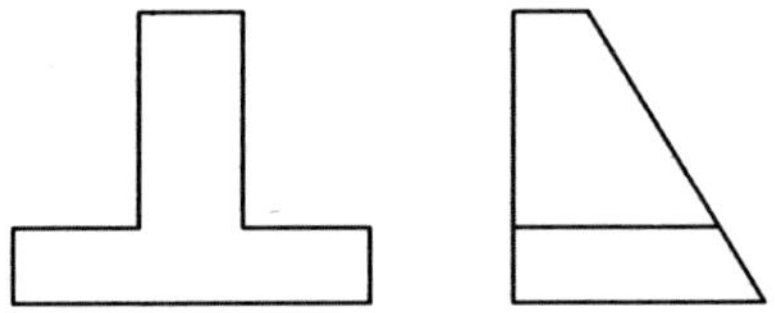

2.3 平面立体及其截切　　　　　　　　　班级：_____　学号：_____　姓名：_____

(5)

(6)

(7)

(8)

2.4 曲面立体及其截切   班级：_____ 学号：_____ 姓名：_____

1. 补全曲面立体的第三视图。

（1）

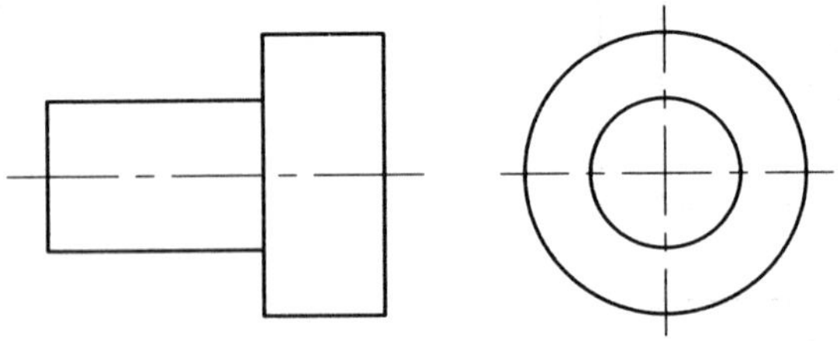

（2）

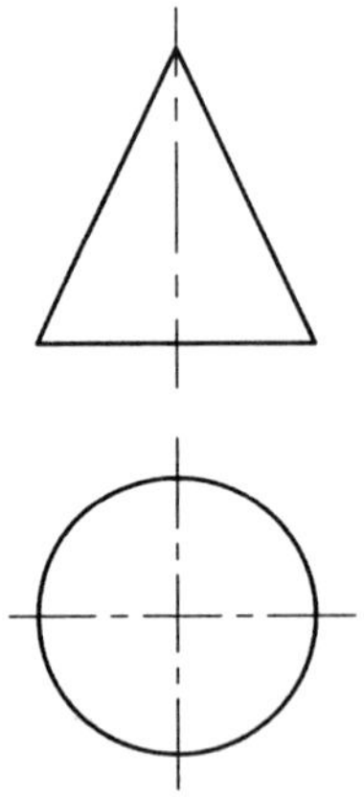

（3）

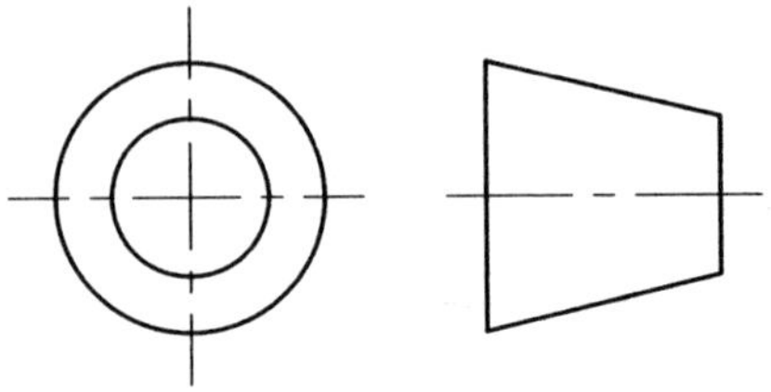

（4）

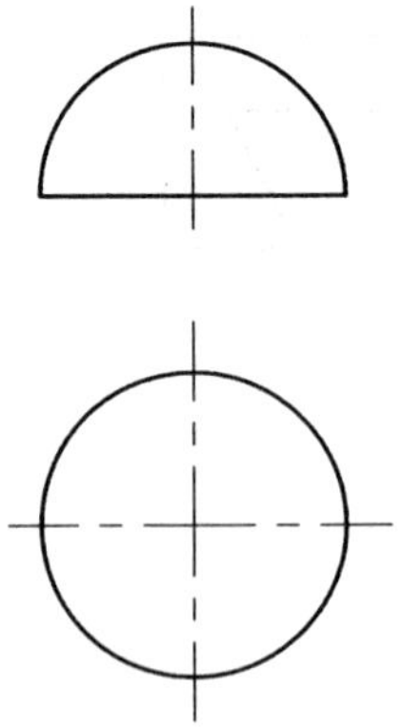

2.4 曲面立体及其截切　　班级：_____　学号：_____　姓名：_____

(5)

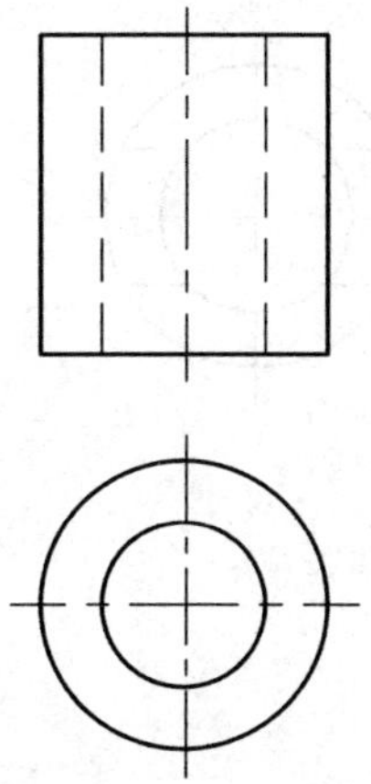

(6)

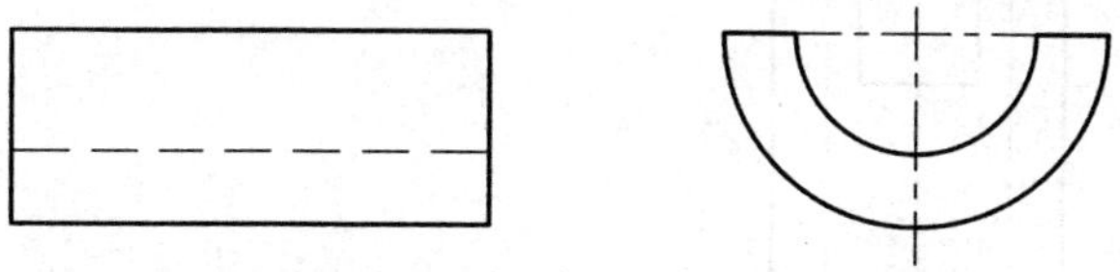

2. 补全截切体（曲面立体）的三视图及视图中所缺的图线。

(1)

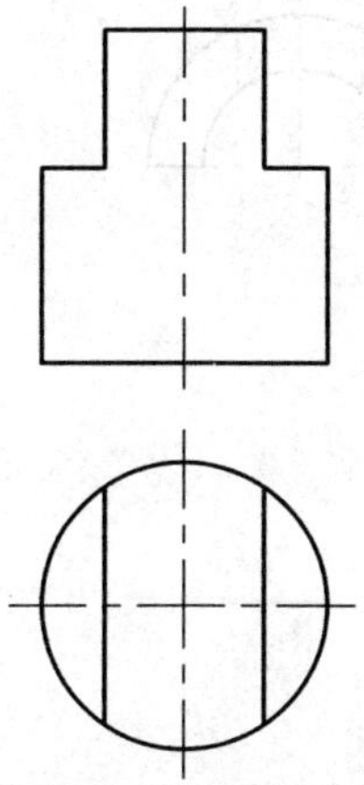

(2)

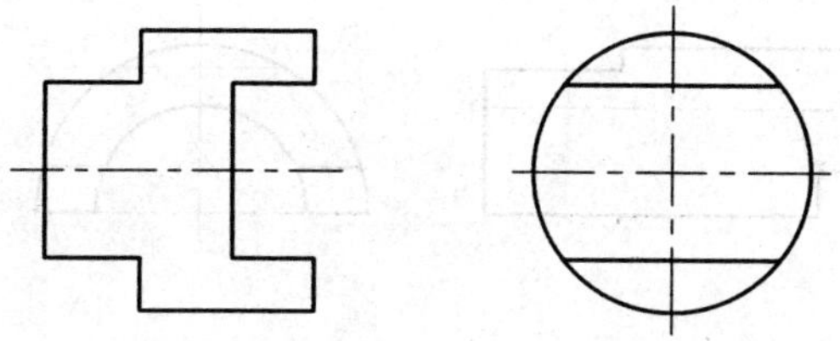

2.4　曲面立体及其截切

(3)

(4)

(5)

(6)

2.4 曲面立体及其截切 班级：_____ 学号：_____ 姓名：_____

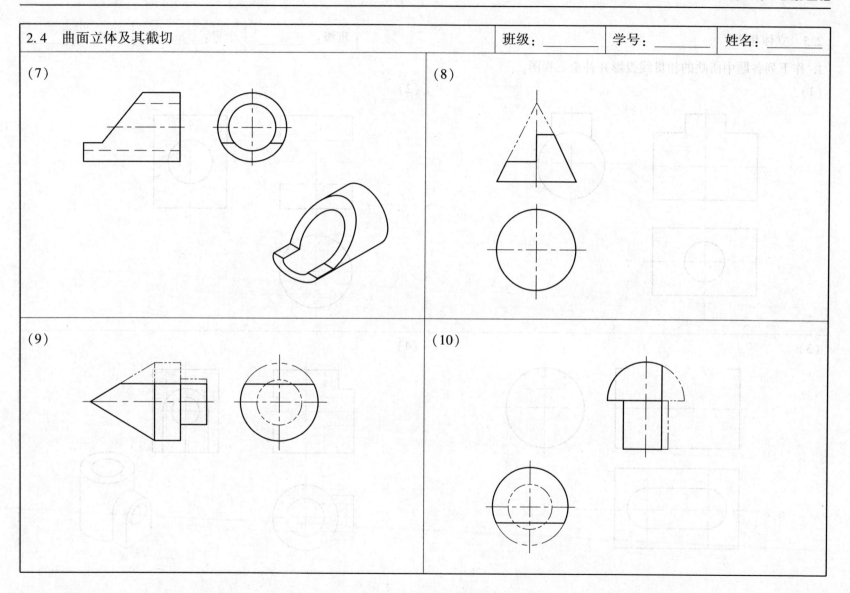

2.5 立体相贯　　　　　　　　　　　　　　　　　班级：_____　学号：_____　姓名：_____

1. 作下列各题中所缺的相贯线投影并补全三视图。

(1)

(2)

(3)

(4)

2.5 立体相贯

班级：_____　学号：_____　姓名：_____

(5)

(6)

(7)

(8)

第3章 组合体

| 3.1 组合体的表面连接关系 | 班级：_____ 学号：_____ 姓名：_____ |

1. 补画下列视图中缺漏的线。

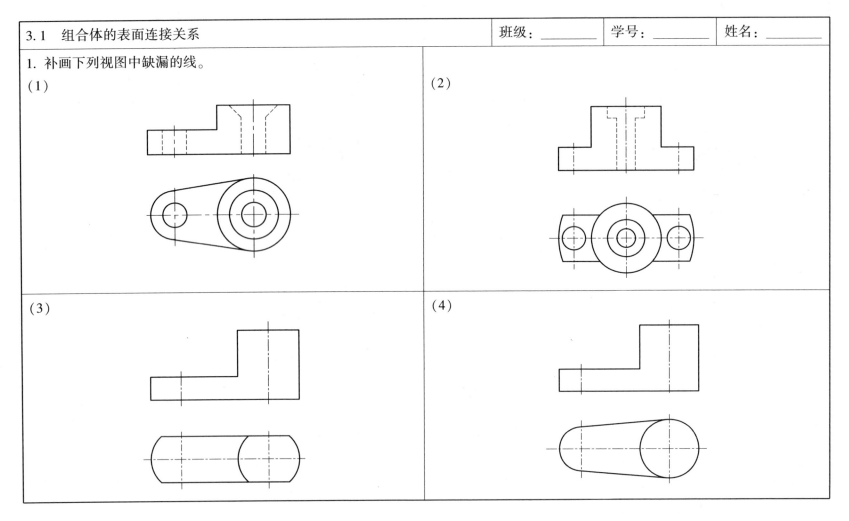

3.2 组合体的三视图　　　　　　　　　　　　　　　　　　　班级：_____　学号：_____　姓名：_____

1. 看懂三视图，选择正确的立体图形（见下页）。

| 3.2 组合体的三视图 | 班级：_____ | 学号：_____ | 姓名：_____ |

3.2 组合体的三视图　　　　　　　　　　　　　　　　　　　　班级：_____　学号：_____　姓名：_____

2. 根据立体图形，在坐标纸内徒手绘制三视图。其中，(1)、(2) 题尺寸按 1∶1 比例在立体图中量取并圆整；(3)、(4) 题自备坐标纸。

(1)

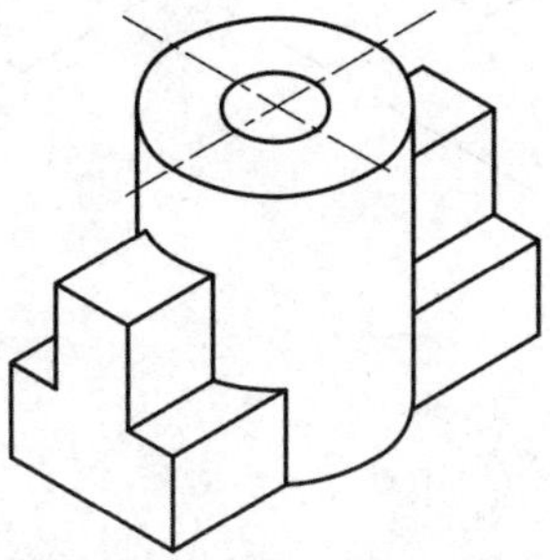

(2)

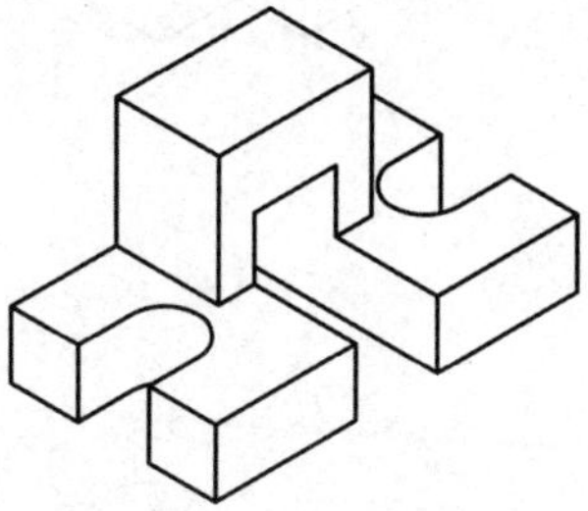

3.2 组合体的三视图　　　班级：＿＿＿＿　学号：＿＿＿＿　姓名：＿＿＿＿

(3)

(4)

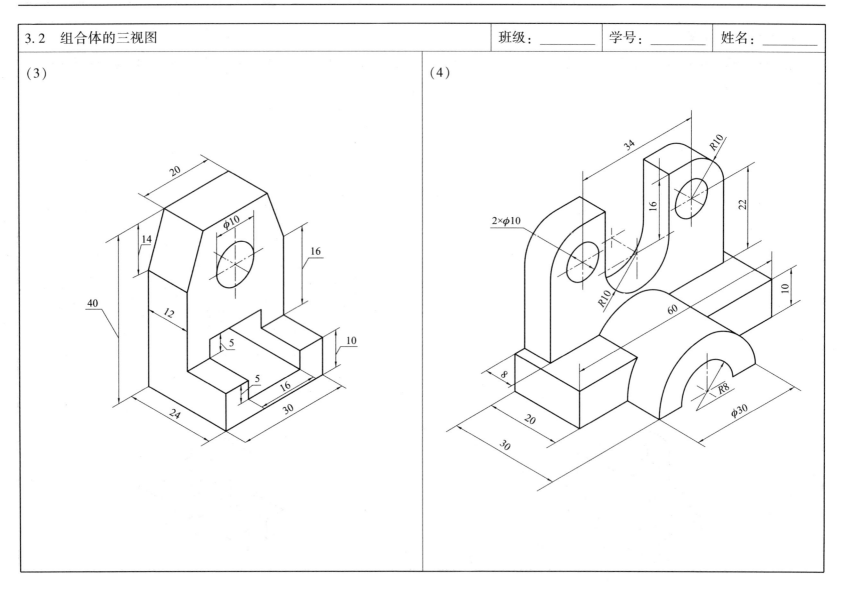

3.3 组合体读图

班级:_____ 学号:_____ 姓名:_____

1. 根据立体图形,补画视图中缺漏的线。

(1)

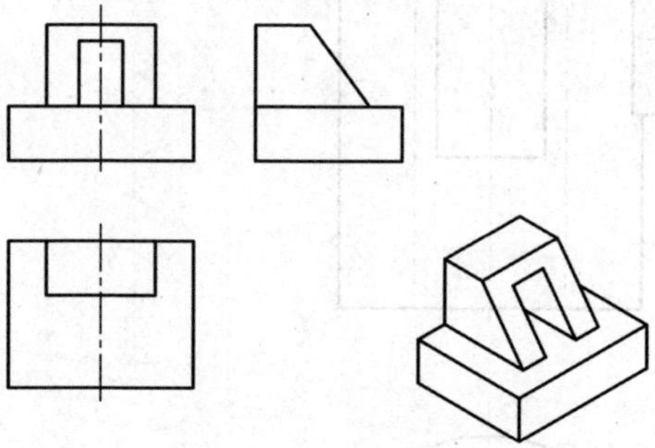

(2)

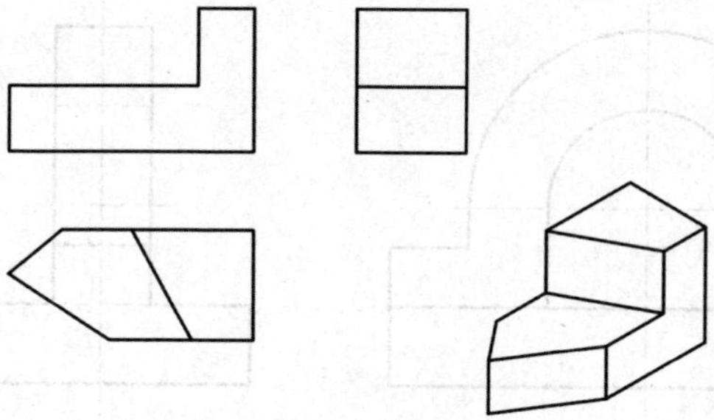

(3)

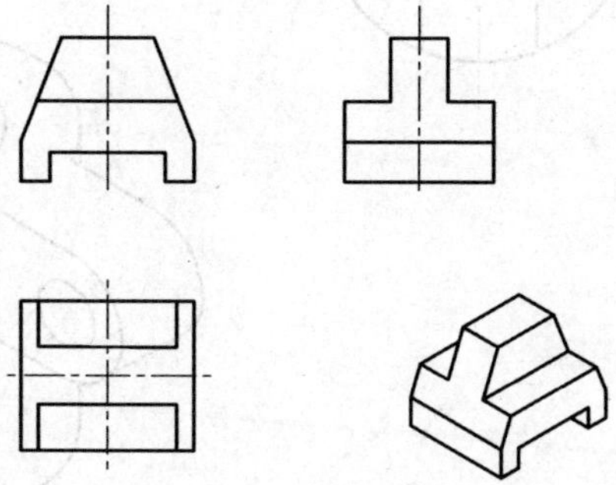

(4)

3.3 组合体读图

2. 根据立体图形补全三视图。

(1)

(2)

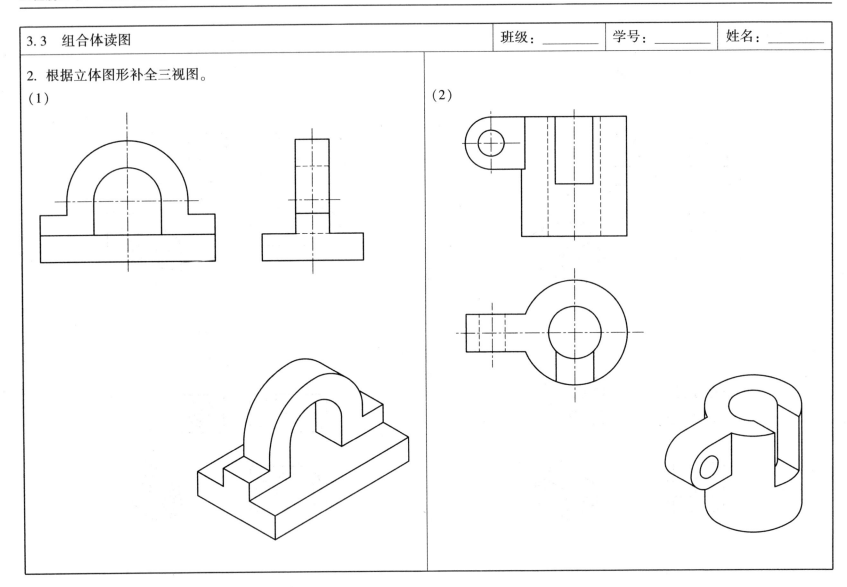

3.3 组合体读图

班级：_____ 学号：_____ 姓名：_____

（3）

（4）

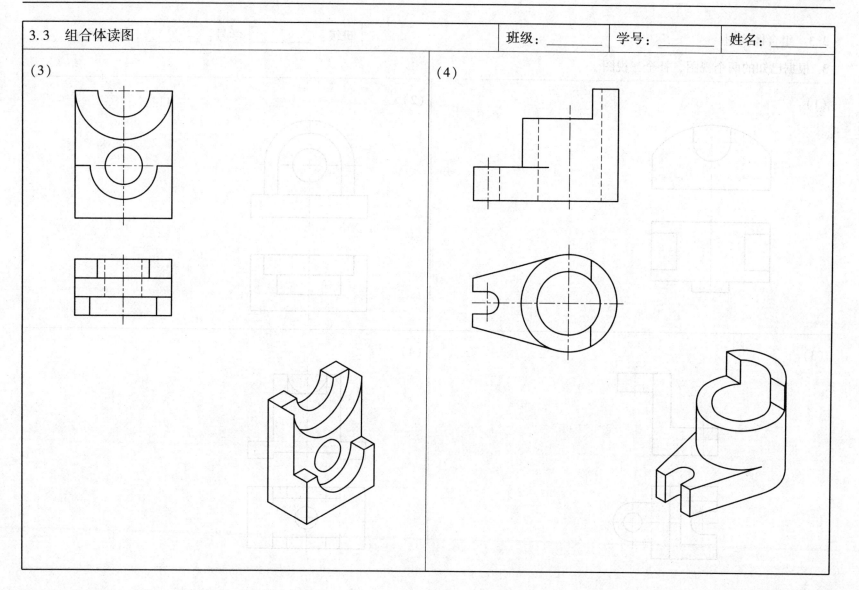

3.3 组合体读图　　　　　　　　　　　　　　　班级：_____　学号：_____　姓名：_____

3. 根据已知的两个视图，补全三视图。

(1)

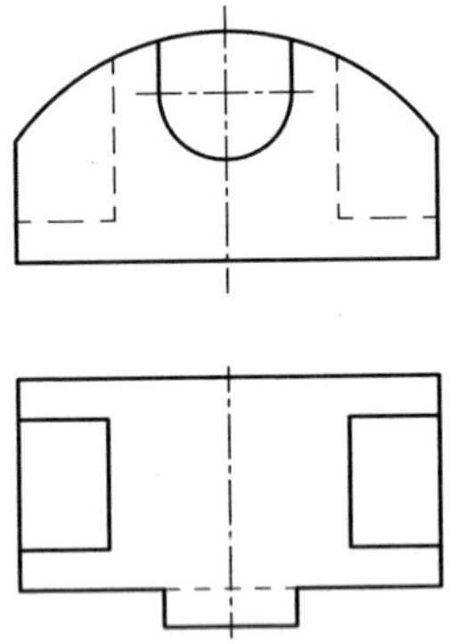

(2)

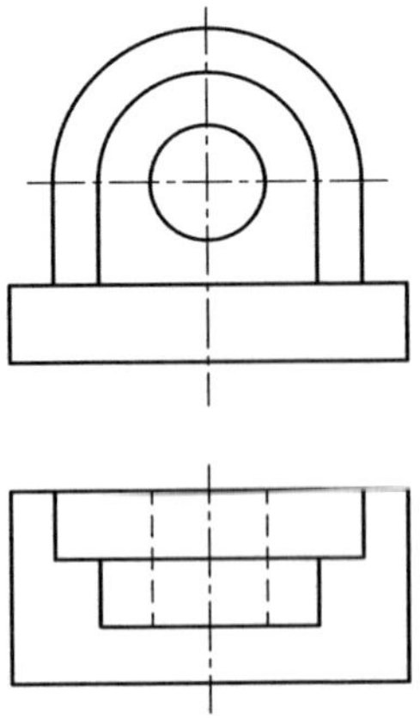

(3)

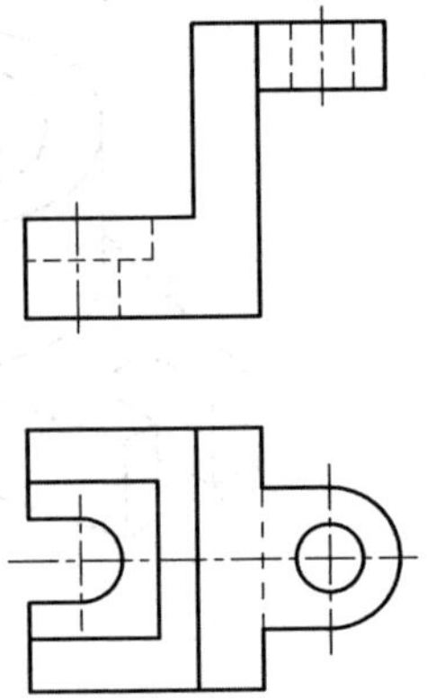

(4)

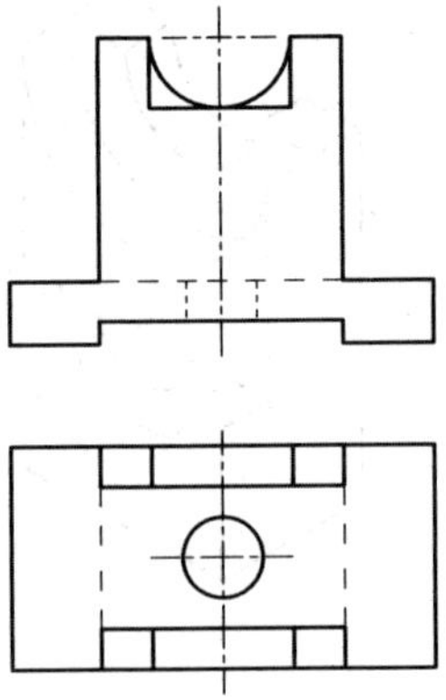

3.3 组合体读图　　　　　　　　　　　　班级：_____　学号：_____　姓名：_____

(5)

(6)

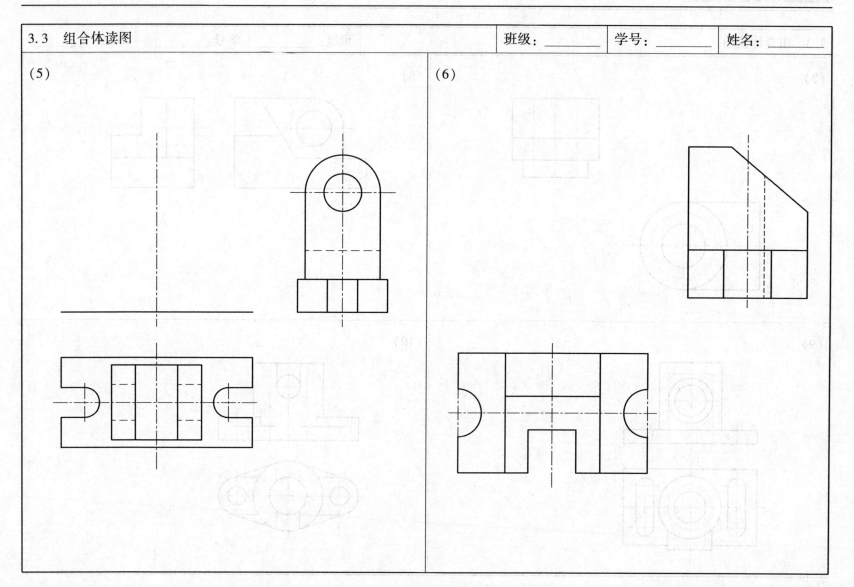

3.3 组合体读图

班级：_____ 学号：_____ 姓名：_____

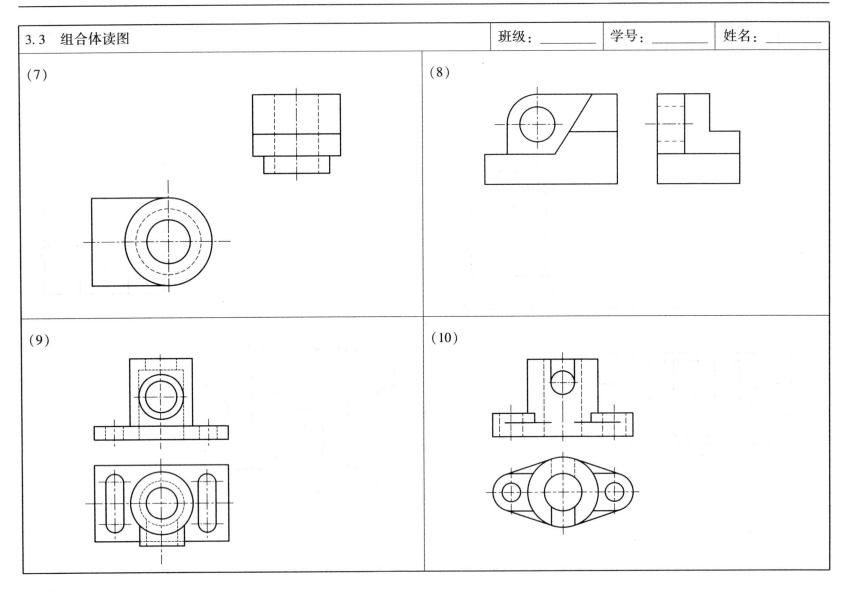

3.3 组合体读图　　　　　　　　　　　　　班级：_____　学号：_____　姓名：_____

(11)

(12)

(13)

(14)

| 3.4　组合体的尺寸标注 | 班级：_____　学号：_____　姓名：_____ |

1. 标注基本形体尺寸，尺寸数值按1∶1的比例从图中量取并圆整。

（1）

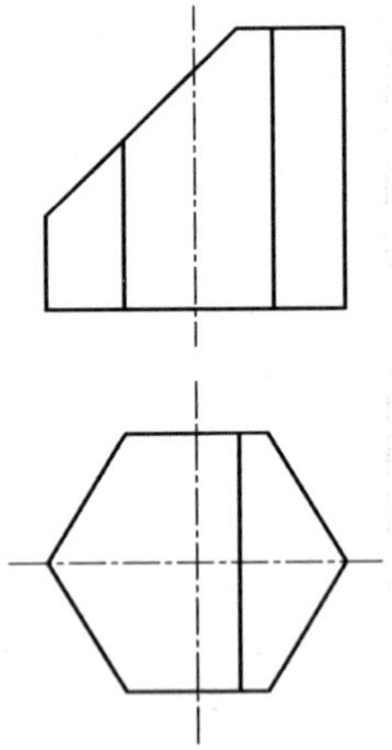

（2）

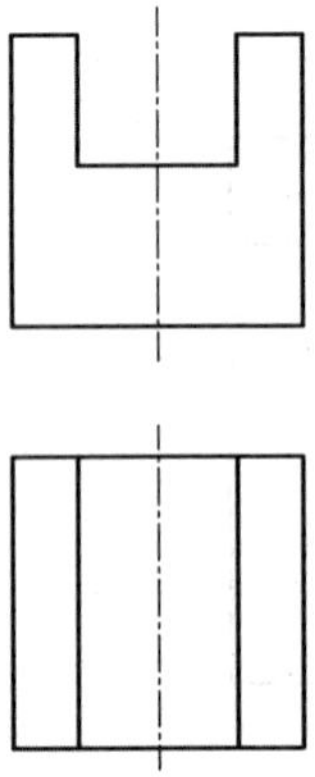

（3）

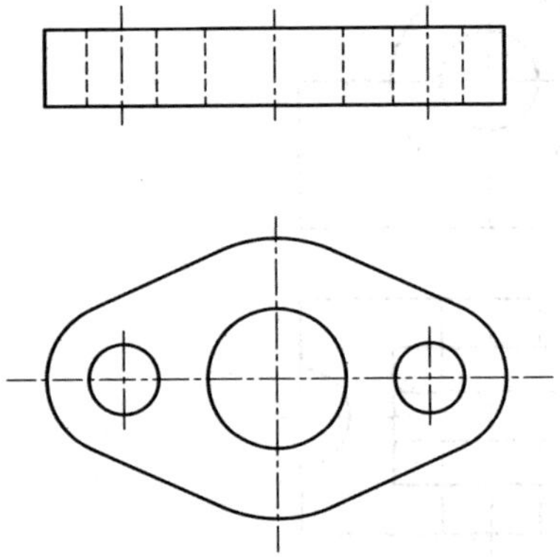

（4）

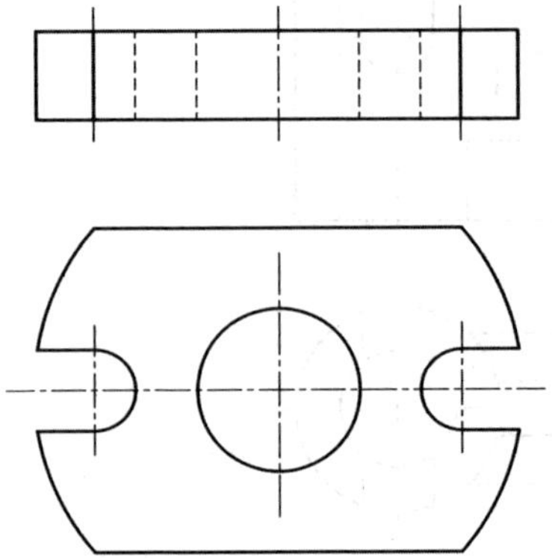

3.4 组合体的尺寸标注　　班级：_____　学号：_____　姓名：_____

2. 标注组合体的尺寸，尺寸数值按 1∶1 的比例从图中量取并圆整。

(1)

(2)

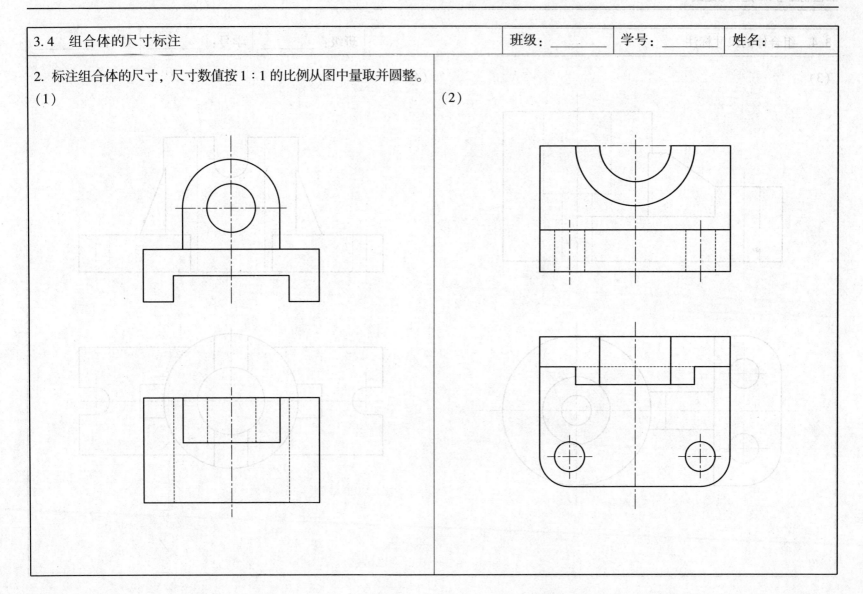

3.4　组合体的尺寸标注

班级：_____　学号：_____　姓名：_____

(3)

(4)

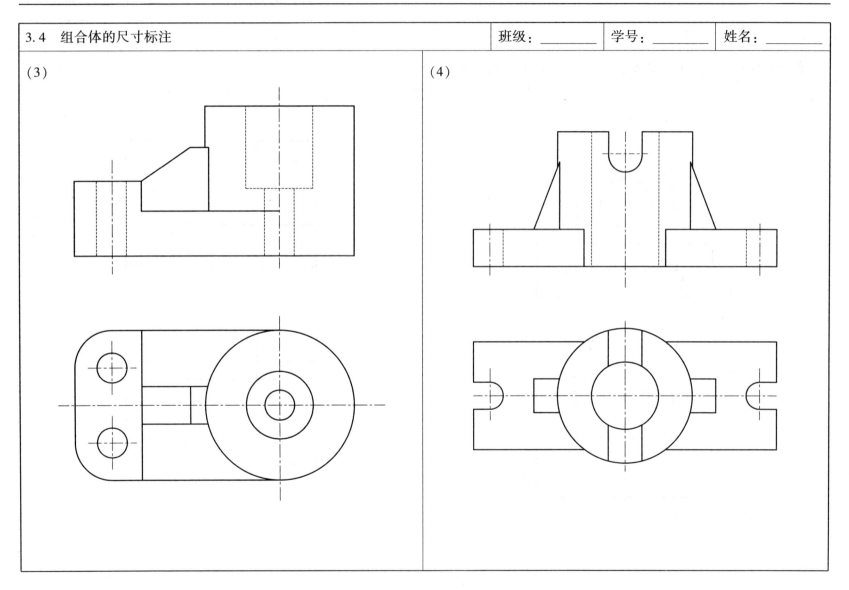

| 3.4 组合体的尺寸标注 | 班级：_____ 学号：_____ 姓名：_____ |

3. 补全三视图并标注尺寸，尺寸数值按 1∶1 的比例从图中量取并圆整。

(1)

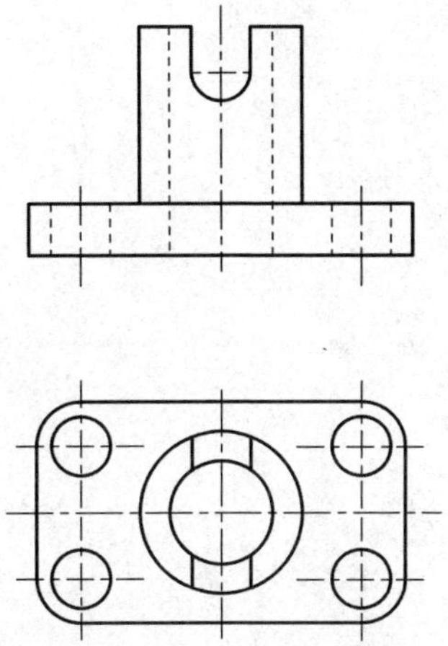

(2)

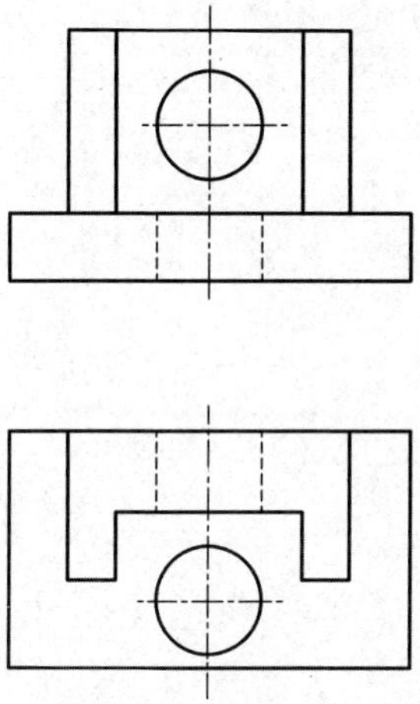

3.4　组合体的尺寸标注　　班级：_____　学号：_____　姓名：_____

(3)

(4)

3.5 组合体综合作业　　　　　　　　　　　　　　　　　　　班级：_____　学号：_____　姓名：_____

1. 内容：任选一题，在 A4 图纸上用 1∶1 的比例绘制组合体的三视图，并标注尺寸。图纸所有孔、槽均为通孔、通槽。
2. 目的：掌握组合体三视图的画法和尺寸标注方法。
3. 要求：主视图选用合理，图形正确；字体工整，标注正确；布图合理，图面整洁。
4. 步骤及注意事项：分析组合体形状，合理选用主视图；绘制图框线和标题栏；合理布图，绘制图形的基准线、对称中心线等，布图时考虑预留标注尺寸的位置；细实线绘制底稿；检查底稿，修改后清理图面、描深图线，注意图线的均匀性和一致性；标注尺寸，填写标题栏。

(1)　　　　　　　　　　　　　　　　　　　　　(2)

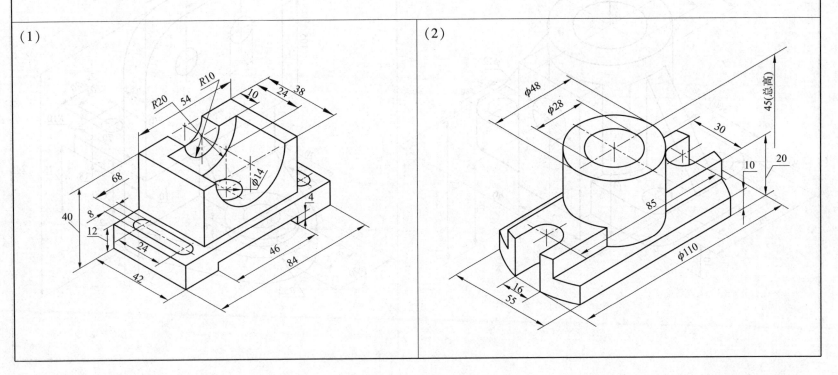

3.5 组合体综合作业

班级：_____ 学号：_____ 姓名：_____

(3)

(4)

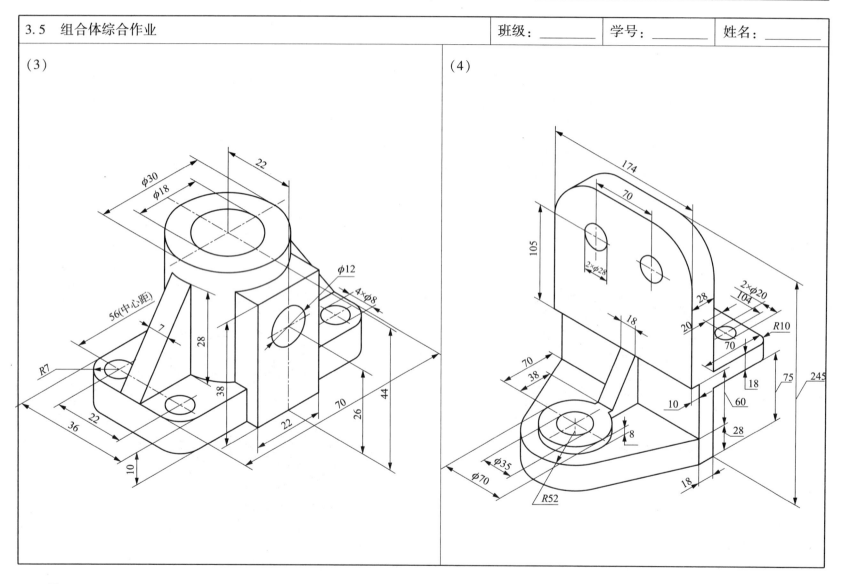

3.6 轴测图　　　　　　　　　　　　　　　　　　　　　　　班级：_____　学号：_____　姓名：_____

1. 绘制下列立体的正等轴测图。

(1)

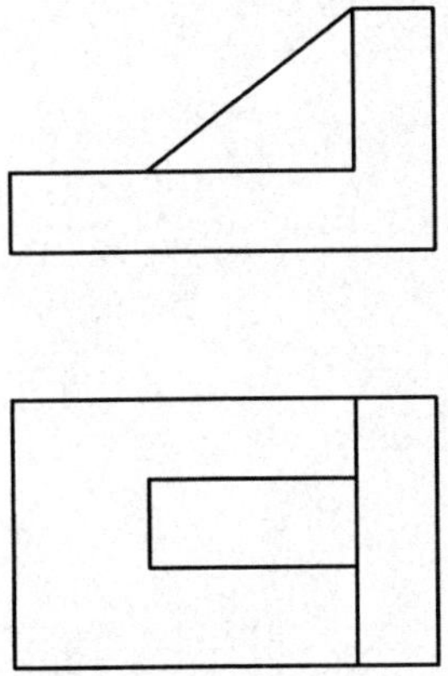

(2)

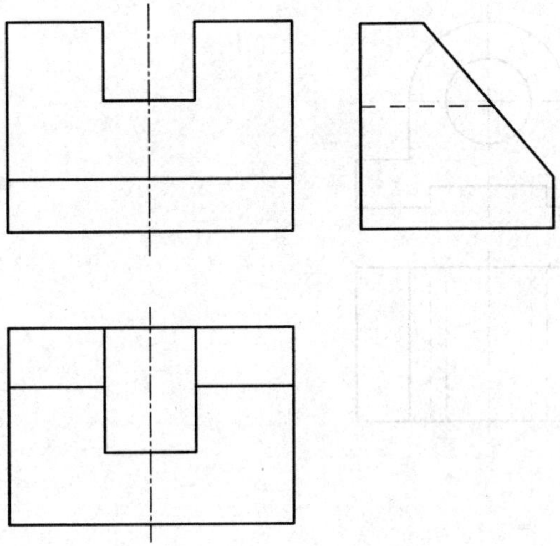

| 3.6 轴测图 | 班级:_____ 学号:_____ 姓名:_____ |

2. 绘制下列立体的斜二等轴测图。

(1)

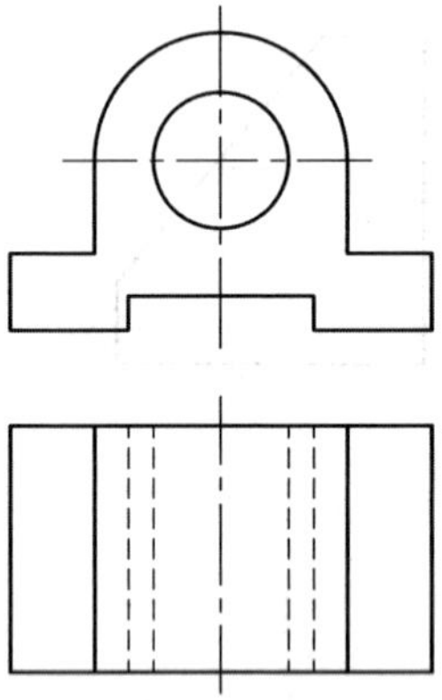

(2)

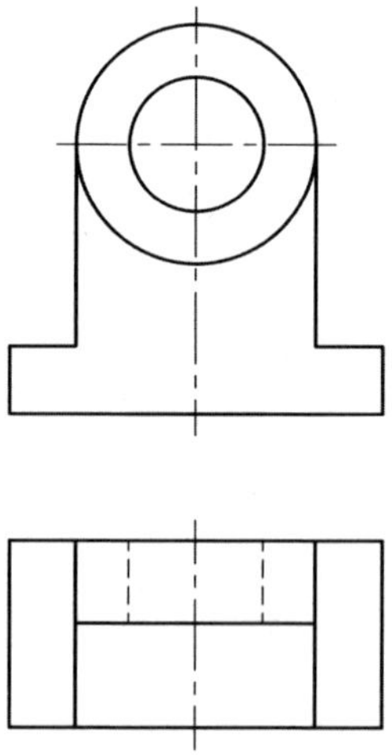

第4章 机件的常用表达方法

| 4.1 视图 | 班级：_____ 学号：_____ 姓名：_____ |

1. 根据已知主、俯视图，补画该立体的其他四个视图。

4.1 视图　　　　　　　　　　　　　　　　　　　　　　　　　　班级：_____　学号：_____　姓名：_____

2. 用 A 向斜视图和 B 向局部视图重新表达机件。

3. 在指定位置画向视图和局部视图。

4.2 剖视图   班级：_____ 学号：_____ 姓名：_____

1. 补画剖视图中所缺的图线。

(1)

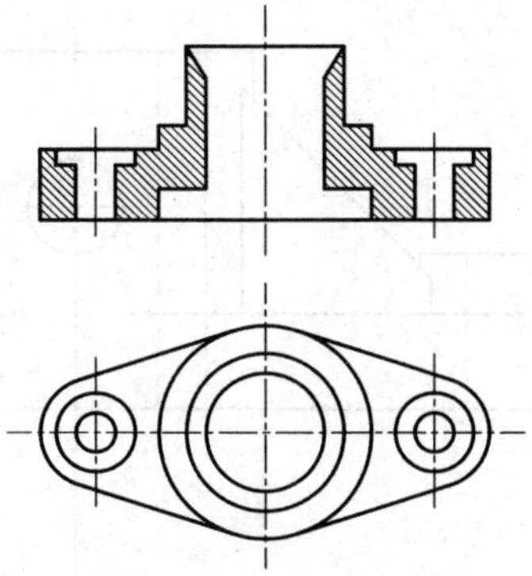

(2)

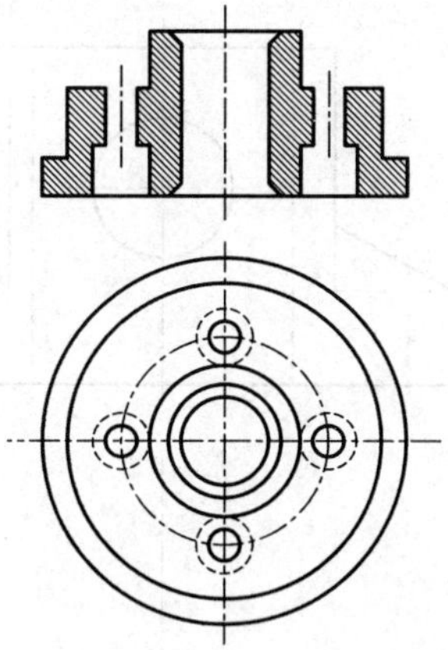

(3)

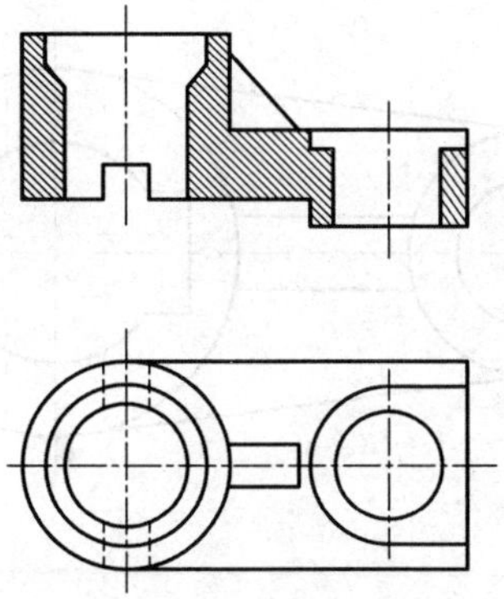

(4)

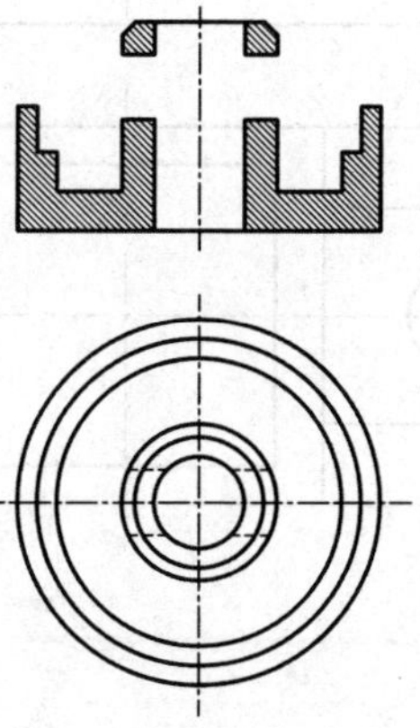

4.2 剖视图　　　　　　　　　　　　　　　　班级：_____　学号：_____　姓名：_____

2. 将下列视图的主视图改画成全剖视图。

(1)

(2)

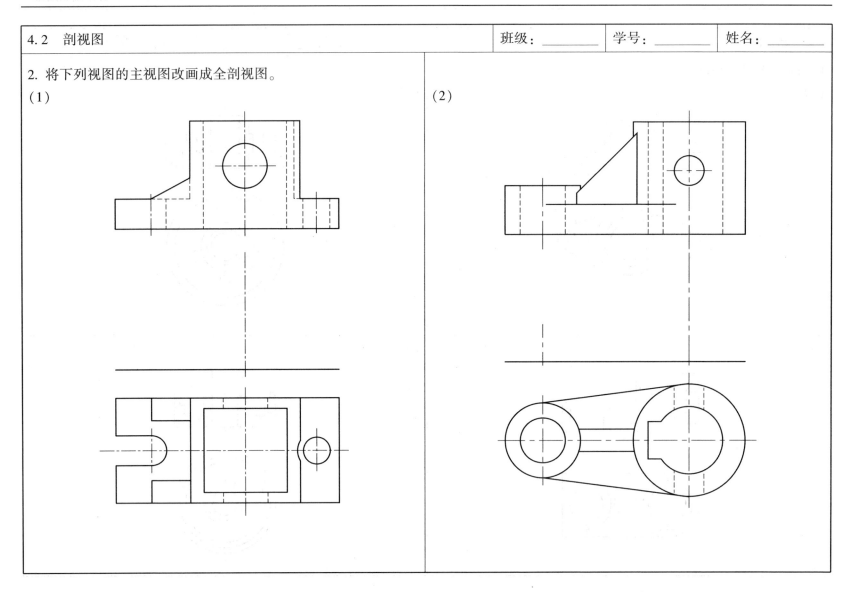

4.2 剖视图　　　　　　　　　　　　　　　　　　　　　　　　班级：_____ 学号：_____ 姓名：_____

3. 将下列视图的主视图改画成半剖视图。

（1）

(2)

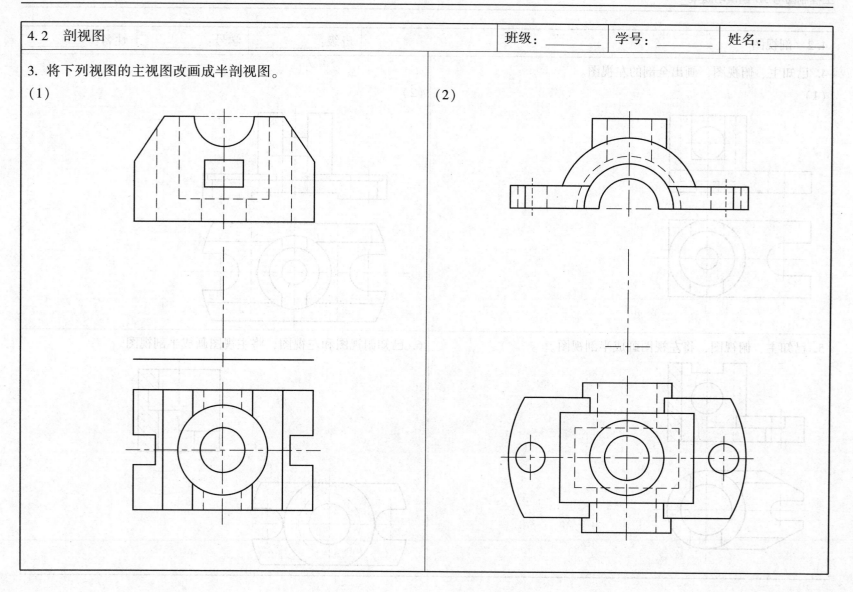

4.2 剖视图　　　　班级:_____　学号:_____　姓名:_____

4. 已知主、俯视图，画出全剖的左视图。

(1)

(2)

5. 已知主、俯视图，将左视图画成半剖视图。

6. 已知俯视图和左视图，将主视图画成半剖视图。

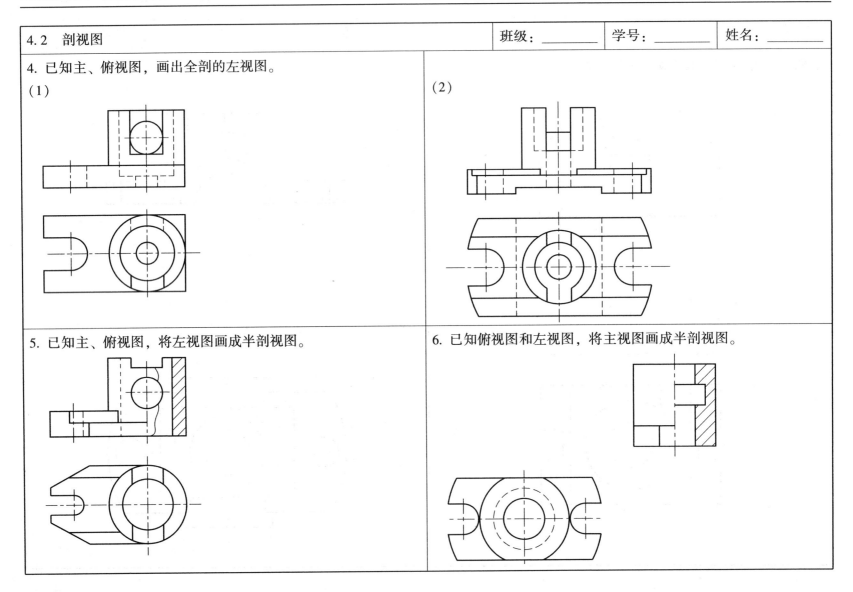

4.2 剖视图　　　　　　　　　　　　　　　　　　　　　　　　班级：_____　学号：_____　姓名：_____

7. 将主视图改画成半剖视图，并画出全剖的左视图。

(1)

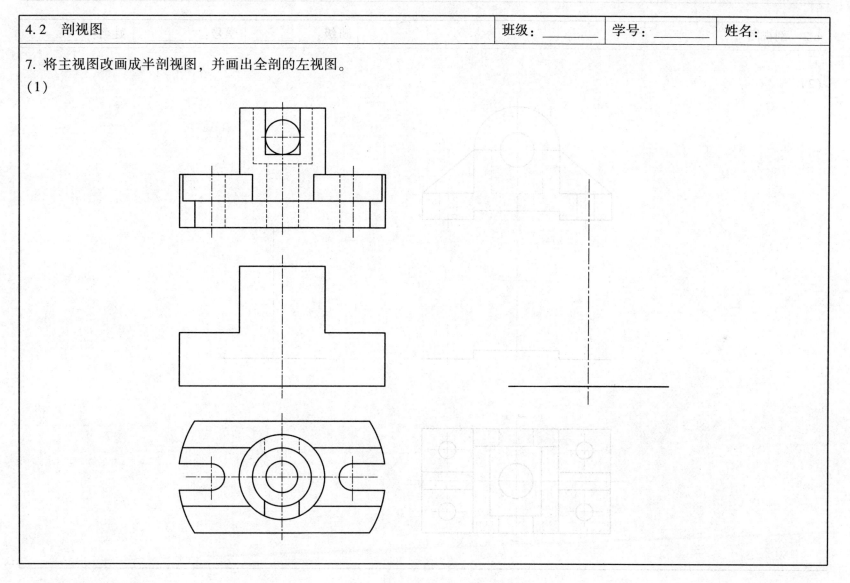

4.2 剖视图　　　班级：_____　学号：_____　姓名：_____

（2）

4.2 剖视图　　　　　　　　　　　　　　　　　　　　　　班级：_____ 学号：_____ 姓名：_____

8. 判断下列六组剖视图的画法是否正确（正确打√，错误打×）。

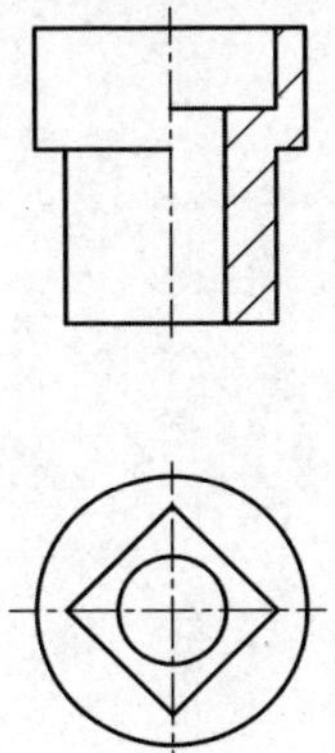

(　)　　　　　(　)　　　　　(　)

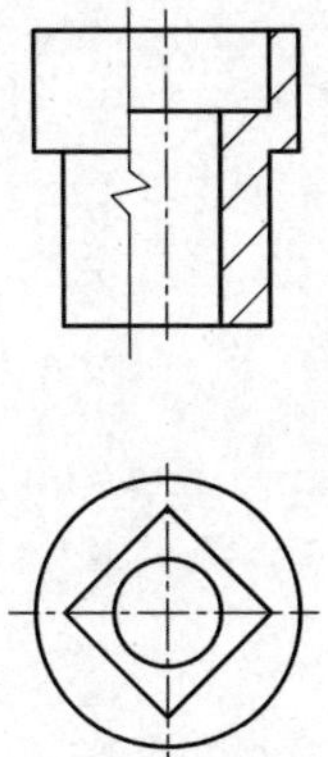

(　)　　　　　(　)　　　　　(　)

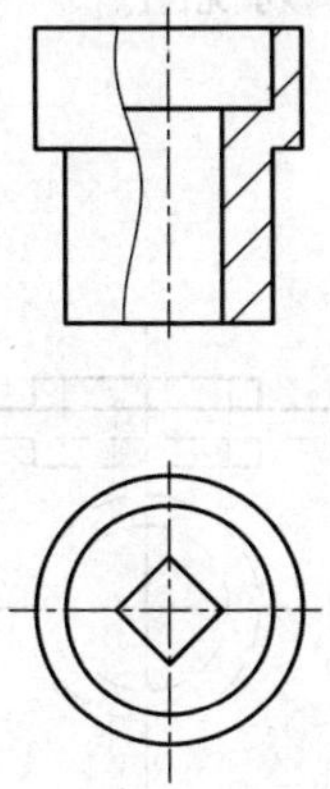

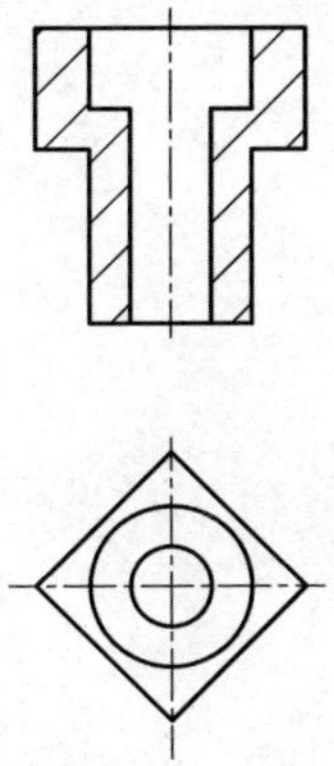

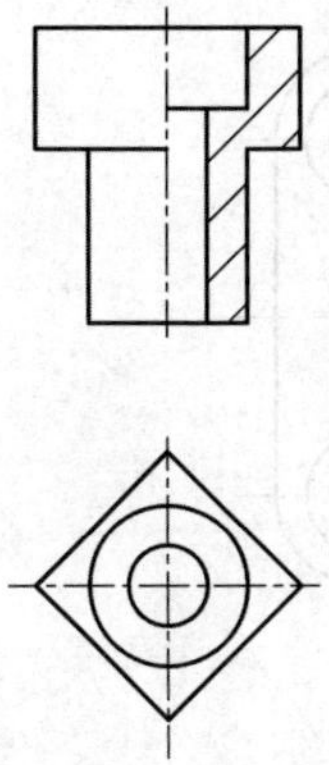

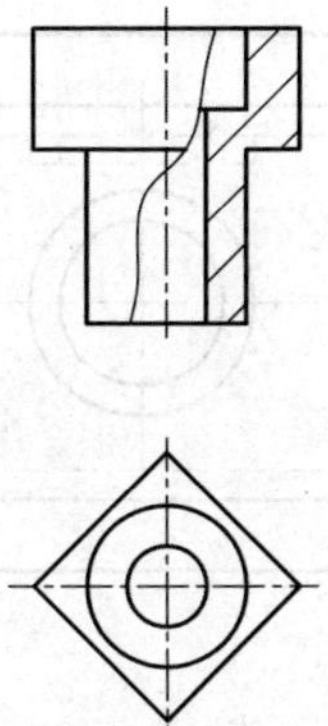

4.2 剖视图　　　　　　　　　　　　　　　　　班级：_____　学号：_____　姓名：_____

9. 采用局部剖切的方法重新表达下列视图。

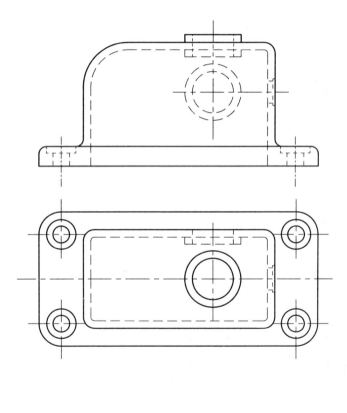

4.2 剖视图

10. 用旋转剖或阶梯剖的方法，将主视图改成全剖视图。
(1)　　　　　　　　　　　　　　　　　　(2)

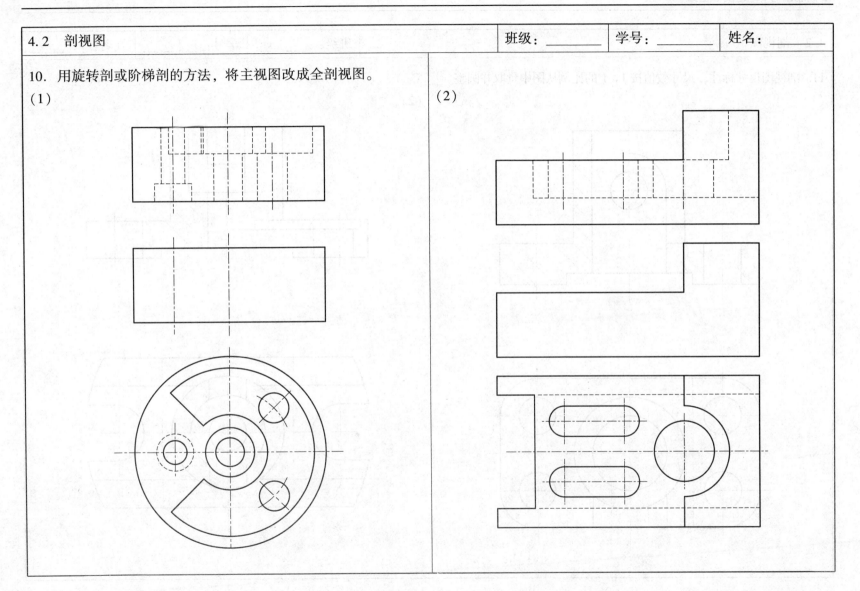

4.2 剖视图　　班级：＿＿＿　学号：＿＿＿　姓名：＿＿＿

11. 剖视图尺寸标注，尺寸数值按 1∶1 的比例从图中量取并圆整。

(1)

(2)

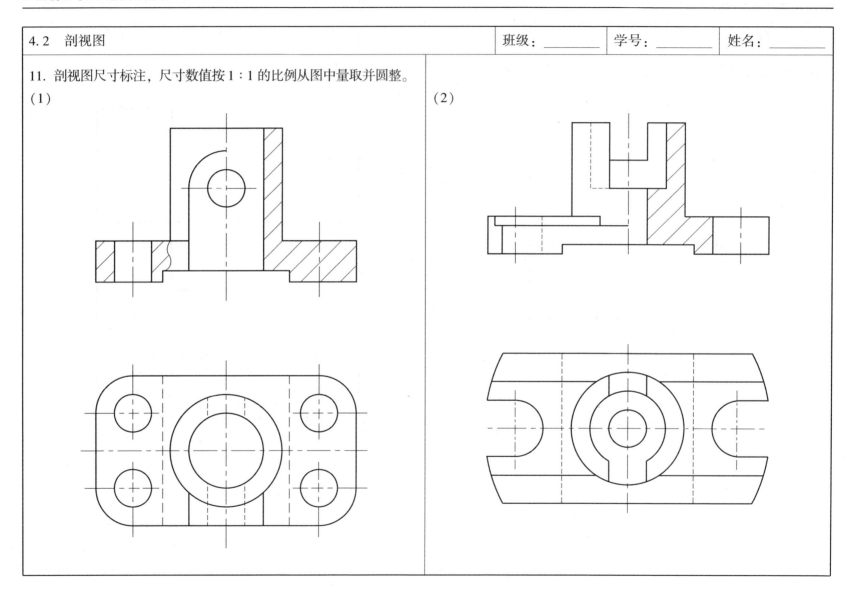

4.3 断面图　　　　　　　　　　　　　　　　　　　　　班级：_____　学号：_____　姓名：_____

1. 选择正确的断面图。

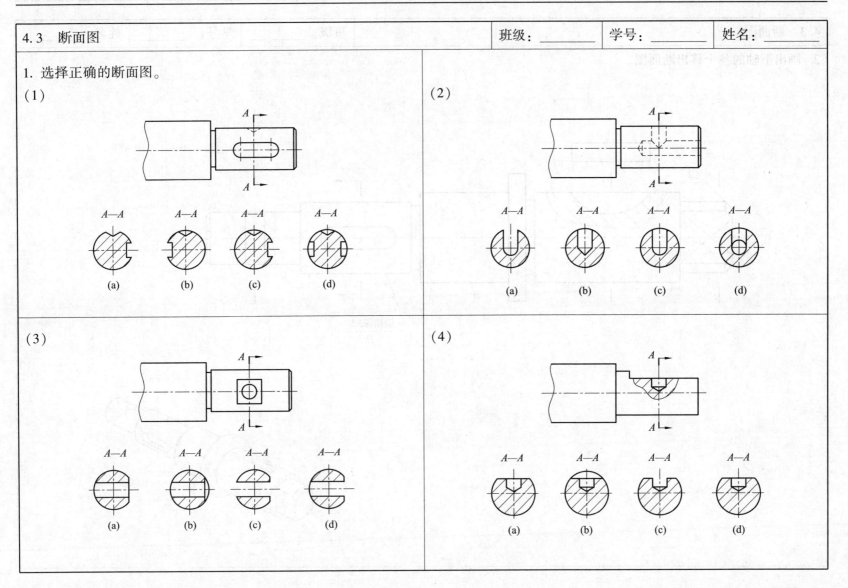

4.3　断面图

2. 画出下轴的各个移出断面图。

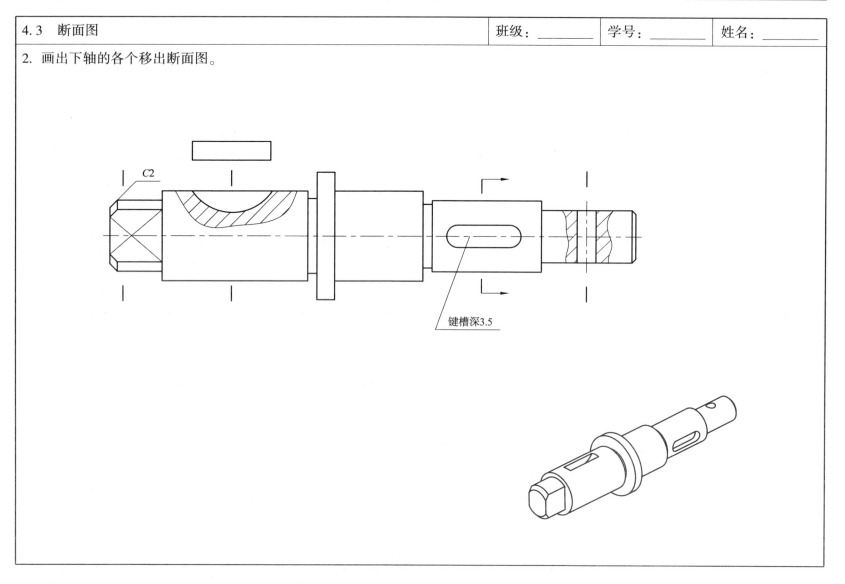

4.3 断面图

班级：_____ 学号：_____ 姓名：_____

3. 作出零件的 A—A 移出断面图。

4. 作出连接杆肋板的重合断面图。

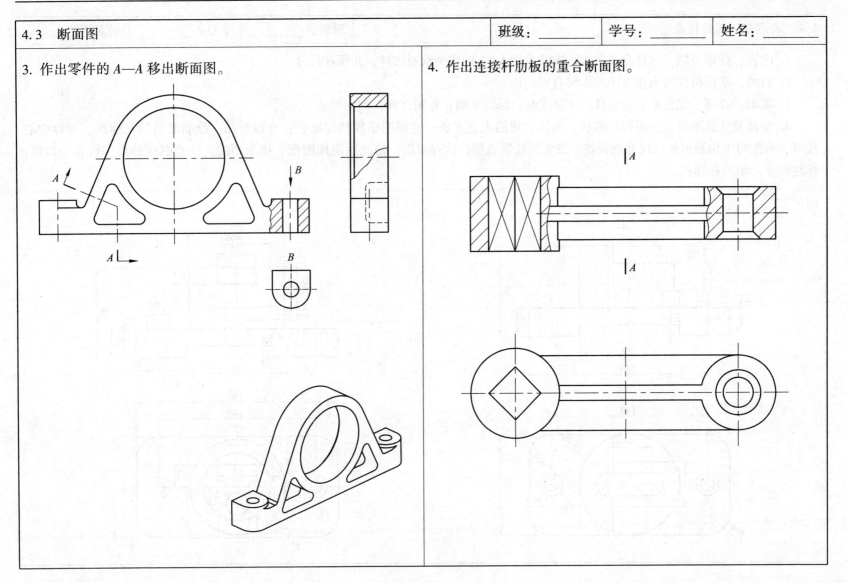

4.4 表达方法综合作业

班级：_____ 学号：_____ 姓名：_____

1. 内容：任选一题，选择合适的表达方法采用 1 : 1 的比例绘制机件，并标注尺寸。
2. 目的：掌握机件的表达方法并能够合理运用。
3. 要求：合理、完整地表达机件；字体工整，标注正确；布图合理，图面整洁。
4. 步骤及注意事项：分析机件形状，选择合理的表达方法；绘制图框线和标题栏；合理布图，绘制图形的基准线、对称中心线等，布图时考虑预留标注尺寸的位置；细实线绘制底稿；检查底稿，修改后清理图面、描深图线，注意图线的均匀性和一致性；标注尺寸，填写标题栏。

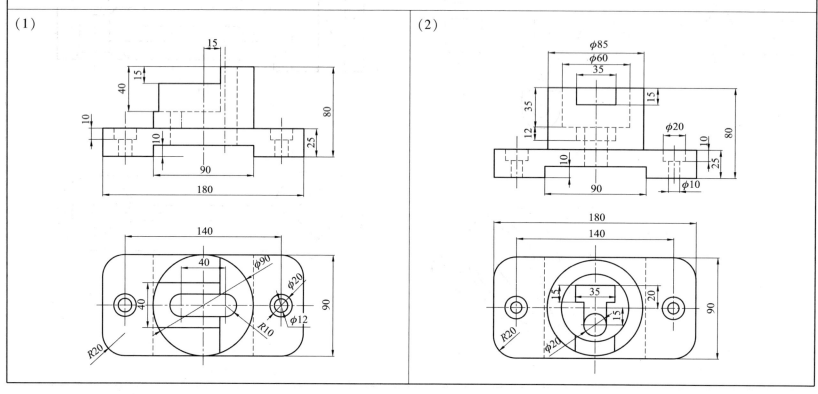

4.4 表达方法综合作业　　　　　　　　班级：＿＿＿＿　学号：＿＿＿＿　姓名：＿＿＿＿

(3)

(4)

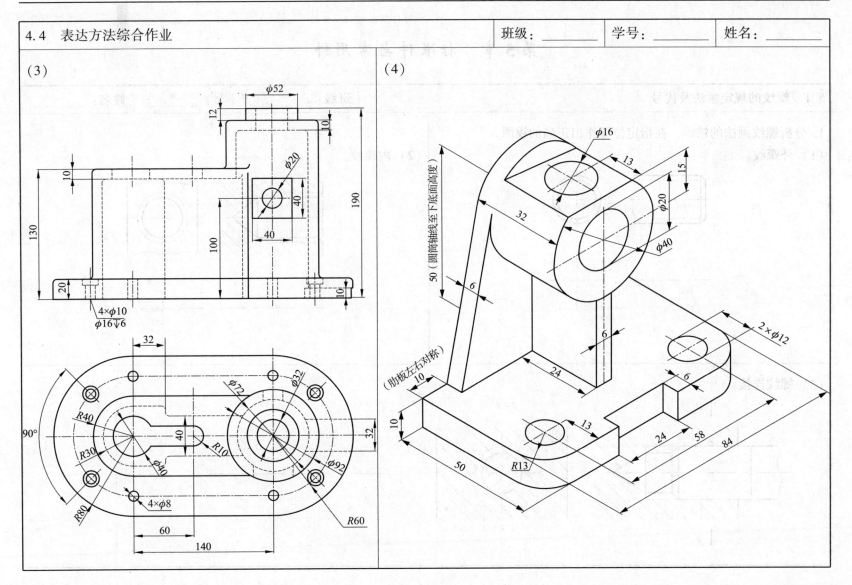

第5章 标准件与常用件

5.1 螺纹的规定画法及代号　　班级:_____　学号:_____　姓名:_____

1. 分析螺纹画法的错误，在指定位置作出正确的视图。

(1) 外螺纹。

(2) 内螺纹。

(3) 螺纹连接。

第5章 标准件与常用件

5.1 螺纹的规定画法及代号   班级：_____ 学号：_____ 姓名：_____

2. 根据给定的螺纹要素，将螺纹代号标注在图中。

(1) 粗牙普通螺纹，公称直径 $d=20$ mm，螺距 $P=2.5$ mm，单线，中径公差带代号 5g，顶径公差带代号 6g，中等旋合长度，右旋。	(2) 细牙普通螺纹，公称直径 $D=24$ mm，螺距 $P=1.5$ mm，单线，中径、顶径公差带代号均为 6H，短旋合长度，左旋。	(3) 梯形螺纹，公称直径 $d=30$ mm，导程 $P_h=12$ mm，双线，右旋，中径公差带代号为 7e，长旋合长度。
(4) 55°非密封管螺纹，尺寸代号为 1/2，公差等级为 A 级，右旋。	(5) 55°非密封管螺纹（圆柱内螺纹），尺寸代号为 3/4，右旋。	(6) 55°密封管螺纹（圆锥内螺纹），尺寸代号 3/4，左旋。

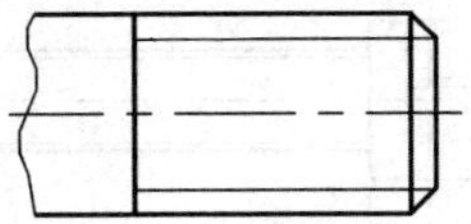

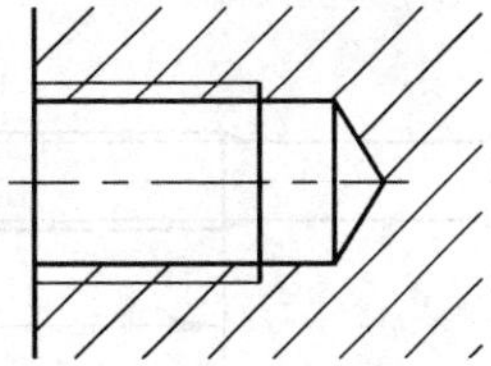

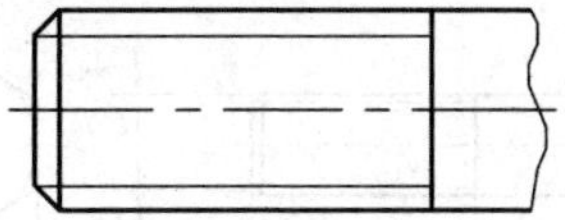

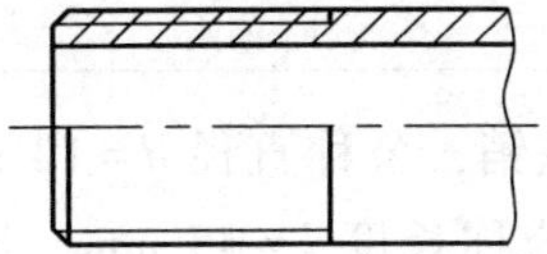

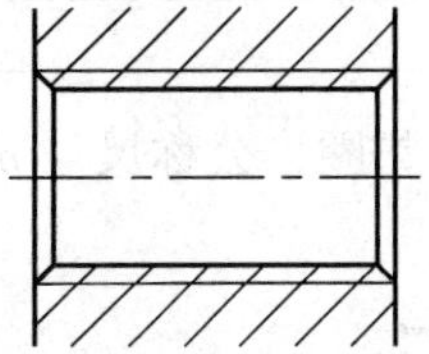

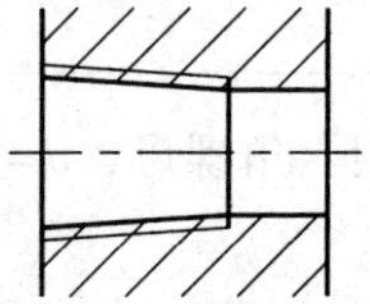

3. 根据标注的螺纹代号，查表并填空说明螺纹的各要素。

(1) Tr20×8(P4)-7H

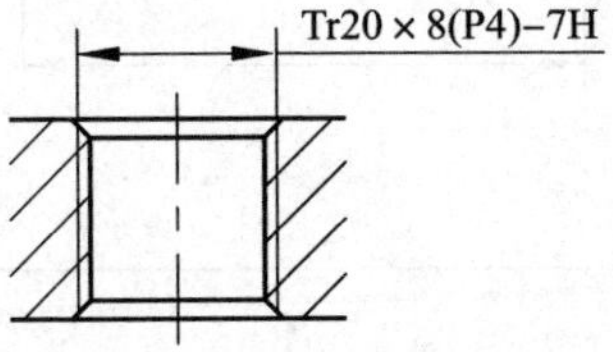

该螺纹为_____螺纹
公称直径为_____mm
螺距为_____mm
线数为_____
旋向为_____
公差带代号为_____

(2) G1/4

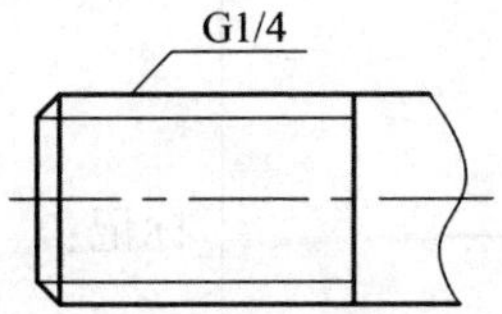

该螺纹为_____螺纹
尺寸代号为_____
大径为_____mm
小径为_____mm
螺距为_____mm

5.2 螺纹紧固件的标记及连接画法

班级：_____ 学号：_____ 姓名：_____

1. 查表确定各螺纹紧固件的尺寸，并写出规定标记。

（1）C 级六角头螺栓，d = M8，公称长度 l = 30 mm。	（2）B 级双头螺柱，b_m = 1d，d = M6，公称长度 l = 35 mm。	（3）开槽圆柱头螺钉，d = M8，公称长度 l = 35 mm。
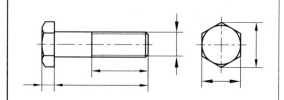 标记：_____	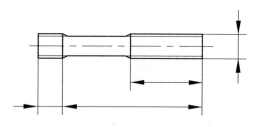 标记：_____	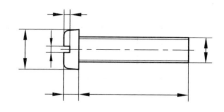 标记：_____
（4）A 级 1 型六角螺母，d = M12。	（5）A 级平垫圈，公称尺寸 d = 10 mm。	（6）圆柱销，公称直径 d = 12 mm，公差为 m6，公称长度 l = 45 mm，材料为钢，普通淬火。
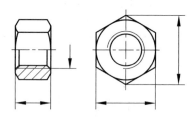 标记：_____	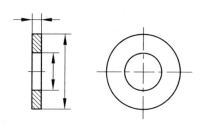 标记：_____	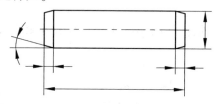 标记：_____

5.2 螺纹紧固件的标记及连接画法　　　　班级：＿＿＿＿　学号：＿＿＿＿　姓名：＿＿＿＿

2. 根据已知条件，按1∶1的比例画法，画出下列各螺纹紧固件的连接图。

(1) 用 M12×l 的螺栓（GB/T 5782—2016）、螺母（GB/T 6170—2015）及垫圈（GB/T 97.1—2002）将两个零件连接起来，金属板厚 $\delta_1 = \delta_2 = 12$，画出螺栓连接的三视图（主视图作全剖，俯、左视图画外形）。(l 自行选定)

(2) 用 M12×l 的双头螺柱（GB/T 898—1988）、螺母（GB/T 6170—2015）及垫圈（GB/T 93—1987）将两个材料为铸铁的零件连接起来，画出螺柱连接的两视图（主视图作全剖，俯视图画外形）。(l 自行选定)

| 5.2 螺纹紧固件的标记及连接画法 | 班级：_____ | 学号：_____ | 姓名：_____ |

2. 根据已知条件，按 1：1 的比例画法，画出下列各螺纹紧固件的连接图。

| （3）已知螺钉 GB/T 68 M12×40，完成螺钉连接的主、俯视图。（只将主视图作全剖） | （4）已知螺钉 GB/T 67 M12×30，完成螺钉连接的主、俯视图。（只将主视图作全剖） |

5.3 键、销、滚动轴承、弹簧的标记及画法   班级：_____ 学号：_____ 姓名：_____

1. 用普通 A 型平键连接轴和齿轮，键宽 $b=6$ mm，完成以下图形及标注。

（1）画出轴的 A—A 断面图，并查表标注键槽的尺寸。

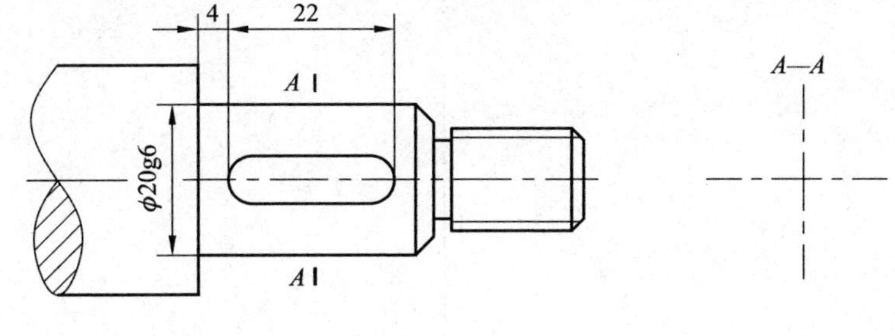

（2）画出齿轮键槽的 B 向视图，并查表标注键槽的尺寸。

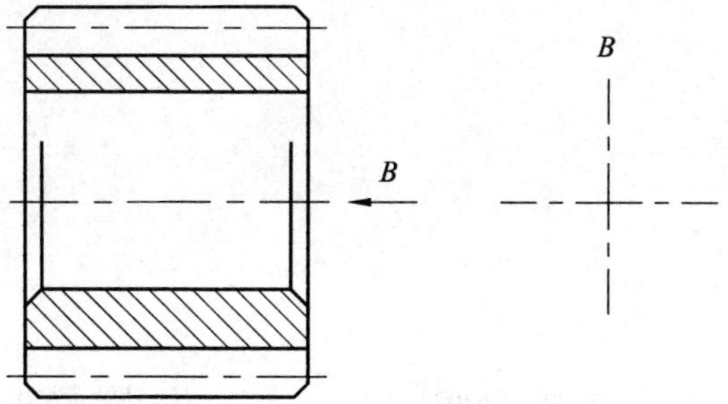

（3）写出键的规定标记，并画出其连接视图。

键的规定标记：_____。

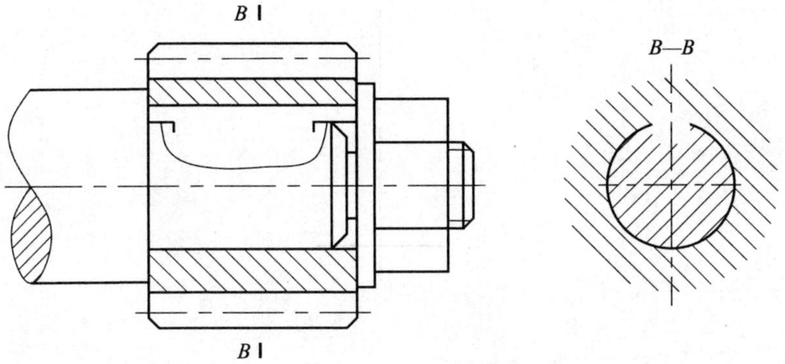

2. 按 1∶1 比例从图中量取尺寸，确定销的规格，完成销连接图，并写出销的规定标记。

（1）A 型圆锥销，$d=6$ mm。　　　（2）圆柱销，$d=8$ mm。

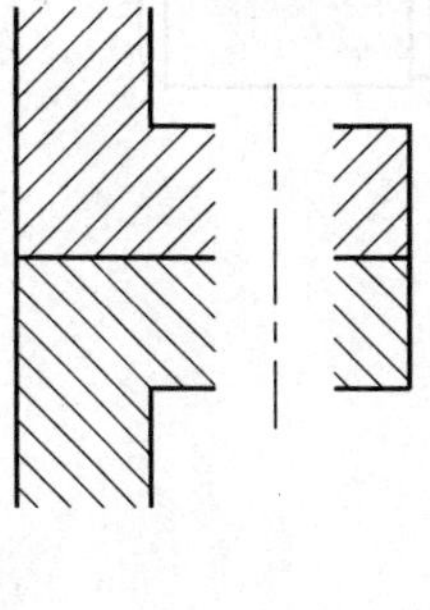

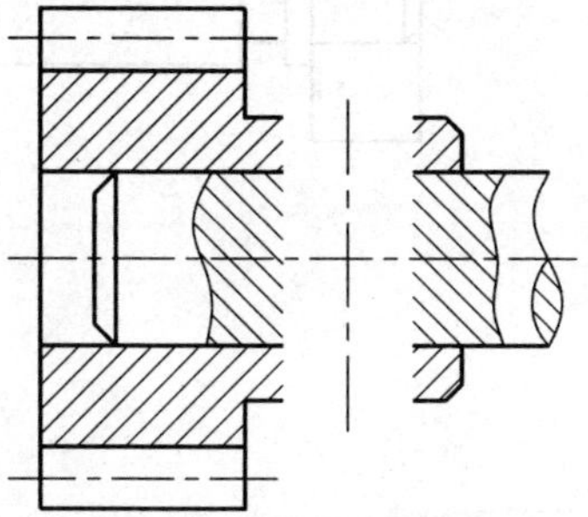

标记：_____　　　　标记：_____

5.3　键、销、滚动轴承、弹簧的标记及画法　　班级：_____　学号：_____　姓名：_____

3. 查表确定滚动轴承的尺寸，按1∶1的比例用规定画法画出轴承视图。

4. 已知YA型普通圆柱螺旋压缩弹簧的材料直径$d=6$ mm，弹簧中径$D=38$ mm，节距$t=14$ mm，有效圈数$n=6.5$，支承圈数$n_z=2.5$，右旋。用1∶1的比例画出弹簧的全剖视图。

5.4 齿轮的画法　　　　　　　　　　　　　　　　　　班级：_____　学号：_____　姓名：_____

1. 已知标准直齿圆柱齿轮（平板式）的模数 $m=2.5$ mm，齿数 $z=30$，计算该齿轮的分度圆、齿顶圆和齿根圆的直径。用 1∶1 的比例在指定位置完成齿轮的两视图，并标注尺寸。

5.4 齿轮的画法

班级：_____ 学号：_____ 姓名：_____

2. 在 5.4 第 1 题中齿轮（大齿轮）的下方有一小齿轮（该齿轮为平板式标准直齿圆柱齿轮，齿轮板厚同大齿轮，孔径为 $\phi 16$），两齿轮互相啮合，传动比 $i=2$，试计算小齿轮的齿数 z_1 以及分度圆、齿顶圆、齿根圆的直径，用 1∶1 的比例在指定位置完成啮合齿轮的两视图（主视图全剖，不标注尺寸）。

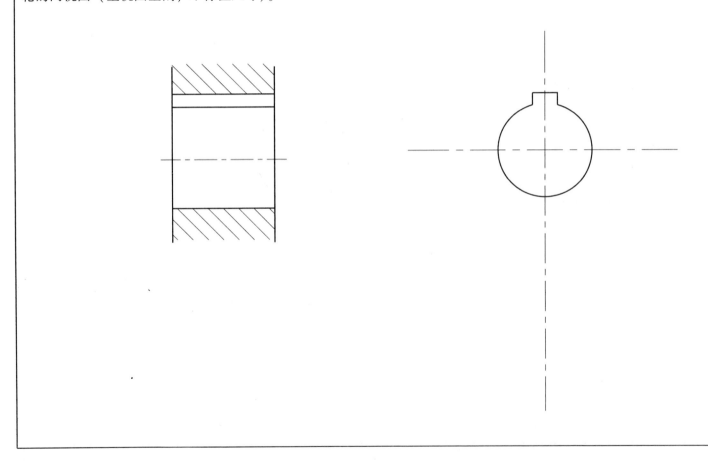

第6章 零件图

6.1 零件图的技术要求　　班级：＿＿＿＿　学号：＿＿＿＿　姓名：＿＿＿＿

1. 按表中给出的 Ra 值，在图中标注表面粗糙度代号。

(1)

表面	A	B	C	D	其余
$Ra/\mu m$	0.8	1.6	3.2	6.3	12.5

(2)

表面	A	B	C	D	其余
$Ra/\mu m$	1.6	6.3	25	12.5	毛坯

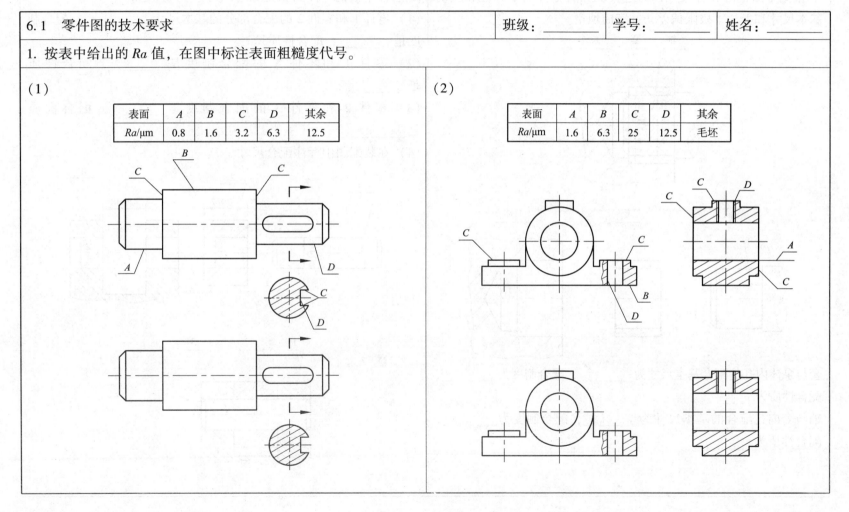

| 6.1 零件图的技术要求 | 班级：_____ 学号：_____ 姓名：_____ |

2. 根据下图中的配合尺寸，通过查表在各零件图中标注相应的基本尺寸和上、下极限偏差，并完成填空。

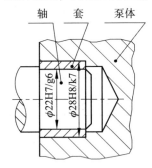

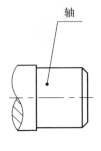
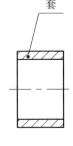
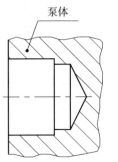

套与泵体内孔的配合基本尺寸为_____，配合制度为_____，配合性质为_____。
轴与套内孔配合的基本尺寸为_____，配合制度为_____，配合性质为_____。

3. 看懂下面的零件图和装配图，回答下列问题。
（1）零件 1 和零件 2 的配合部分的基本尺寸是_____，配合制度是_____，配合性质是_____。
（2）零件 1 和零件 3 的配合制度是_____，配合性质是_____。
（3）零件 2 和零件 3 的配合制度是_____，配合性质是_____。
（4）在装配图中标注配合尺寸。

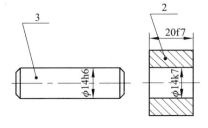
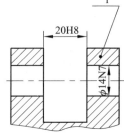

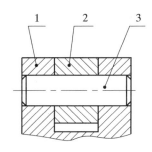

6.1 零件图的技术要求　　　　　　　　　　　　　　　　　　　　班级：_____　学号：_____　姓名：_____

4. 标注轴、孔的公称尺寸和上、下极限偏差，并填空。

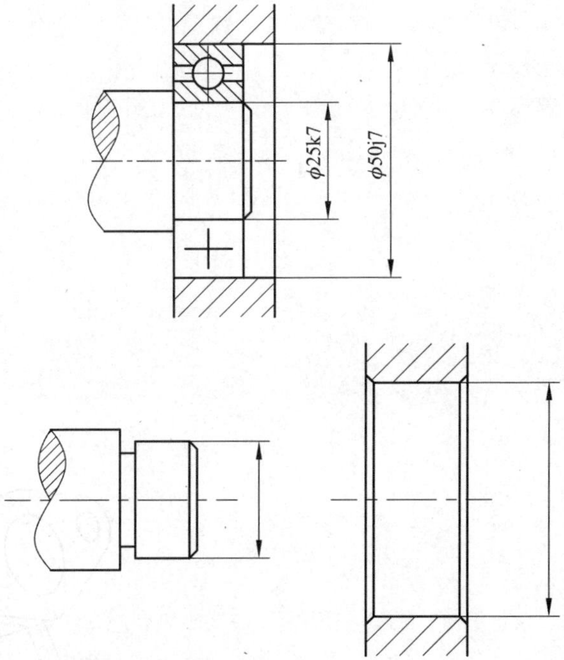

5. 解释图中几何公差代号的含义。

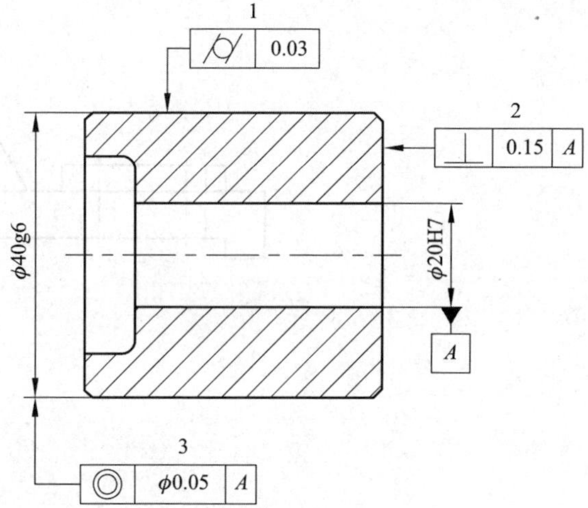

（1）滚动轴承与座孔的配合为_____制，座孔的基本偏差代号为_____，公差等级为_____。
（2）滚动轴承与轴的配合为_____制，轴的基本偏差代号为_____，公差等级为_____。

（1）_____。
（2）_____。
（3）_____。

6.2　零件图的视图表达及尺寸标注　　　　　班级：_____　学号：_____　姓名：_____

1. 选择适当的表达方法，徒手补画出零件图，不标注尺寸。

6.2 零件图的视图表达及尺寸标注　　　　班级：_____　学号：_____　姓名：_____

2. 徒手标注零件图，尺寸数值按1∶1的比例从图中量取并圆整，标准结构尺寸通过查表获得。

（1）输出轴：右端螺纹为粗牙普通螺纹，中径、顶径公差带代号均为6g；键槽的槽宽和槽深尺寸要求注出极限偏差。

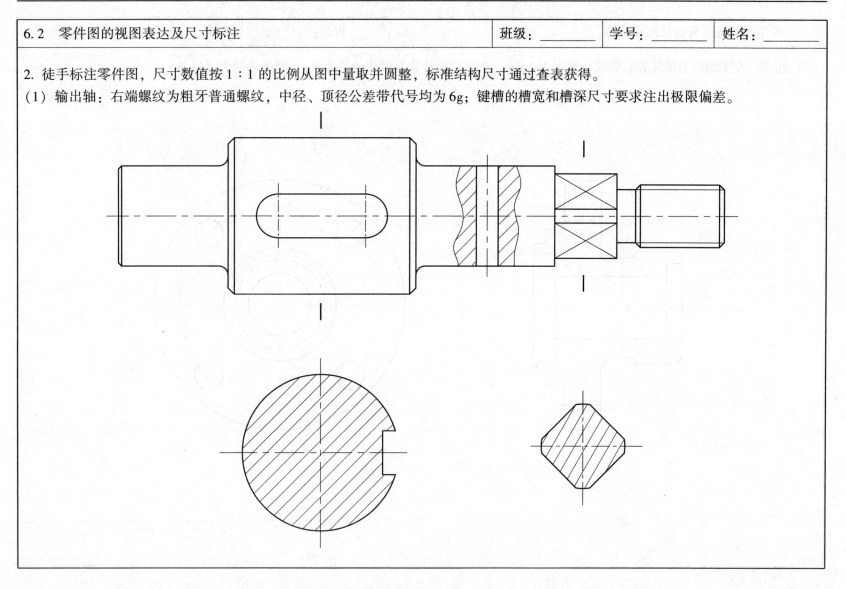

6.2 零件图的视图表达及尺寸标注

(2) 阀盖：左端螺纹为细牙普通螺纹，螺距为 2 mm，中径、顶径公差带代号均为 6 g，圆角半径为 R3 ~ R5。

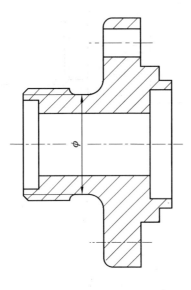
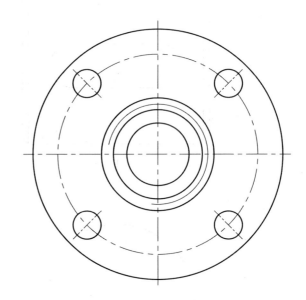

6.3 读零件图　　　　　　　　　　　　　　　　　　　　　班级：_____　学号：_____　姓名：_____

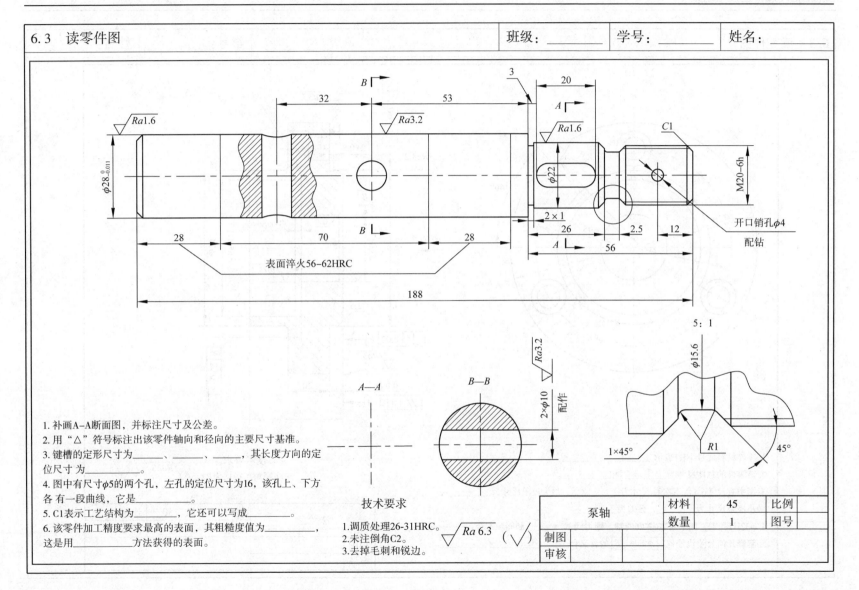

1. 补画A—A断面图，并标注尺寸及公差。
2. 用"△"符号标注出该零件轴向和径向的主要尺寸基准。
3. 键槽的定形尺寸为_____、_____、_____，其长度方向的定位尺寸为_____。
4. 图中有尺寸φ5的两个孔，左孔的定位尺寸为16，该孔上、下方各有一段曲线，它是_____。
5. C1表示工艺结构为_____，它还可以写成_____。
6. 该零件加工精度要求最高的表面，其粗糙度值为_____，这是用_____方法获得的表面。

6.3 读零件图

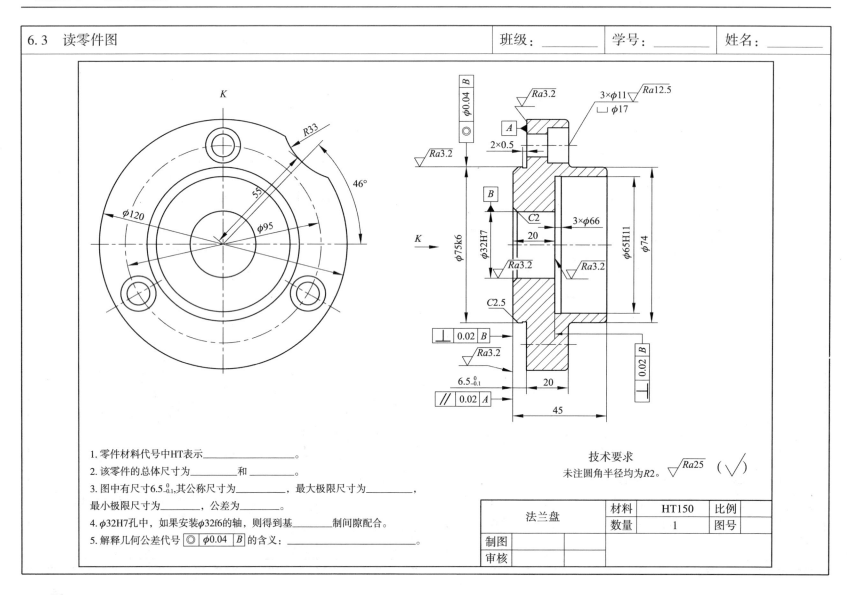

1. 零件材料代号中HT表示_____。
2. 该零件的总体尺寸为_____和_____。
3. 图中有尺寸 $6.5_{-0.1}^{0}$，其公称尺寸为_____，最大极限尺寸为_____，最小极限尺寸为_____，公差为_____。
4. φ32H7孔中，如果安装φ32f6的轴，则得到基_____制间隙配合。
5. 解释几何公差代号 ◎ φ0.04 B 的含义：_____。

技术要求
未注圆角半径均为R2。

法兰盘	材料	HT150	比例	
	数量	1	图号	
制图				
审核				

6.3 读零件图　　　班级：_____　学号：_____　姓名：_____

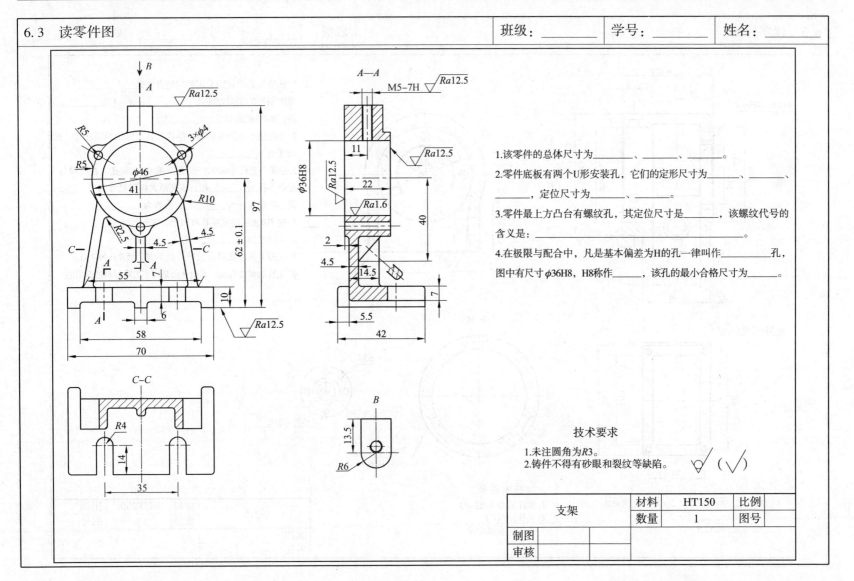

1. 该零件的总体尺寸为_____、_____、_____。
2. 零件底板有两个U形安装孔，它们的定形尺寸为_____、_____、_____，定位尺寸为_____、_____。
3. 零件最上方凸台有螺纹孔，其定位尺寸是_____，该螺纹代号的含义是：_____。
4. 在极限与配合中，凡是基本偏差为H的孔一律叫作_____孔，图中有尺寸φ36H8，H8称作_____，该孔的最小合格尺寸为_____。

技术要求
1. 未注圆角为R3。
2. 铸件不得有砂眼和裂纹等缺陷。

6.3 读零件图

班级：_____ 学号：_____ 姓名：_____

1. 该零件的主视图采用的剖切方法是_____；左视图采用的剖切方法是_____；A—A是_____图；B向和C向是_____图。
2. 主视图上投影为椭圆的结构，真正形状为圆柱孔，其尺寸为_____。
3. 主视图上尺寸$\phi 40^{+0.025}_{0}$，是下偏差为0的孔，在极限与配合中称为_____孔，该孔最大极限尺寸为_____，最小极限尺寸为_____，公差为_____。
4. 视图B表示的安装孔有四个，定形尺寸为_____；定位尺寸为_____、_____。
5. 在图上标注粗糙度代号：最下方平面$Ra \leq 6.3\,\mu m$；$\phi 7$孔的$Ra \leq 12.5\,\mu m$；其余表面是用不去除材料法获得的。

技术要求
1. 未注圆角为R2~R3。
2. 未注倒角C1。
3. 非加工表面涂漆。

箱体		材料	HT200	比例	
		数量	1	图号	
制图					
审核					

6.4 零件图综合作业　　　　　　　　　　　　　　　　　班级：_____　学号：_____　姓名：_____

1. 内容：在 A3 图纸上选用合适的比例徒手绘制零件图。
2. 目的：掌握零件测绘的方法，理解零件图的内容和作用，掌握零件图的绘制方法。
3. 要求：根据轴测图选择适当的表达方法，完整、正确、清晰地表达零件；线型、文字注写、尺寸标注、技术要求等符合国家标准规定；布图合理，图面整洁，内容完整。
4. 步骤及注意事项：绘图前应认真对所画零件进行结构分析，确定表达方案；零件的标准工艺结构，如倒角、退刀槽、砂轮越程槽、键槽等查阅教材附录或相关标准后绘制；表面粗糙度、极限与配合、几何公差等内容，可用类比法，通过查阅相关资料或在教师指导下选用。

名称：轴
材料：45 钢

(1) 表面粗糙度：ϕ15h7 圆柱面的 Ra 上限值为 0.8 μm；ϕ19 圆柱面的 Ra 上限值为 1.6 μm；键槽两侧面的 Ra 上限值为 3.2 μm；其余表面的 Ra 上限值为 6.3 μm。

(2) 几何公差：ϕ15h7 圆柱轴线相对于 ϕ19 圆柱轴线的同轴度公差为 ϕ0.01 mm。

(3) 技术要求：调质处理 220～250 HBW，去除毛刺、锐边。

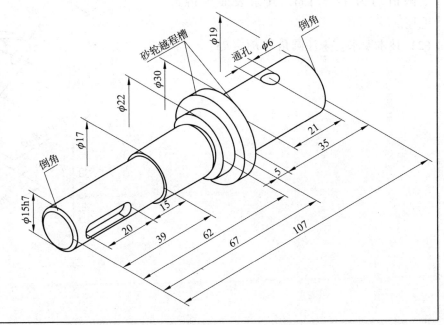

6.4 零件图综合作业　　　　班级：_____　学号：_____　姓名：_____

名称：阀体

材料：HT150

(1) 表面粗糙度：ϕ35H8 孔的 Ra 上限值为 1.6 μm；ϕ50、ϕ25 内孔的 Ra 上限值为 3.2 μm；ϕ50 下底面的 Ra 上限值为 6.3 μm；左端面，上、下底面，以及所有 ϕ8 孔的 Ra 上限值均为 12.5 μm；其余表面为铸造毛坯。

(2) 技术要求：未注圆角为 $R1 \sim R3$。

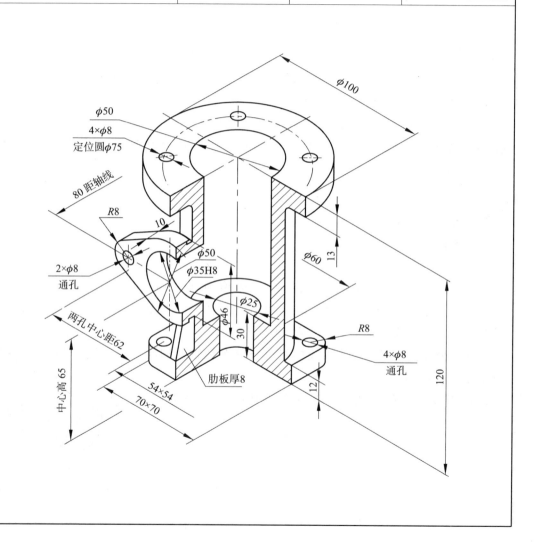

第 7 章　装配图

7.1　由零件图画装配图

班级：_____　学号：_____　姓名：_____

1. 根据零件图画轴承架装配图（图纸幅面和比例自定）。

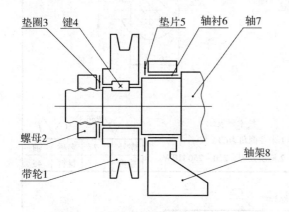

轴 7 配以轴衬 6 后与轴架 8 装配。带轮 1 通过键 4 与轴 7 连接，带轮右侧衬以垫片 5，轴 7 左端用螺母 2、垫圈 3 紧固。

螺母 2 的选用型号标记为：螺母 GB/T 6170 M16。
垫圈 3 的选用型号标记为：垫圈 GB/T 97.1 16。
键 4 的选用型号标记为：键 GB/T 1096 6×6×18。

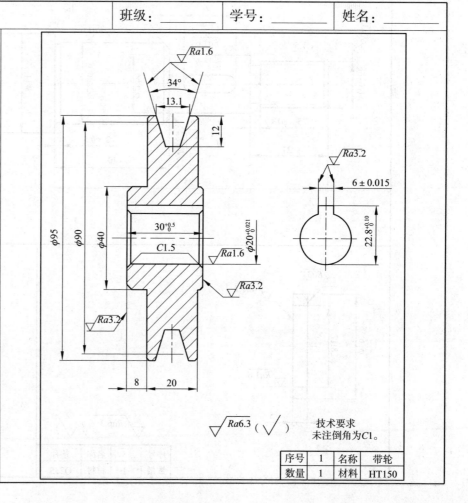

序号	1	名称	带轮
数量	1	材料	HT150

7.1 由零件图画装配图

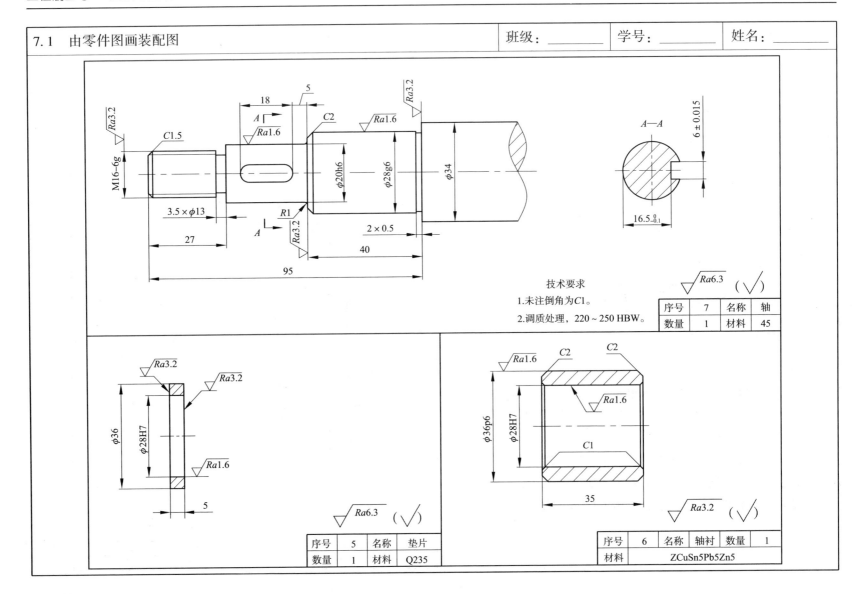

7.1 由零件图画装配图

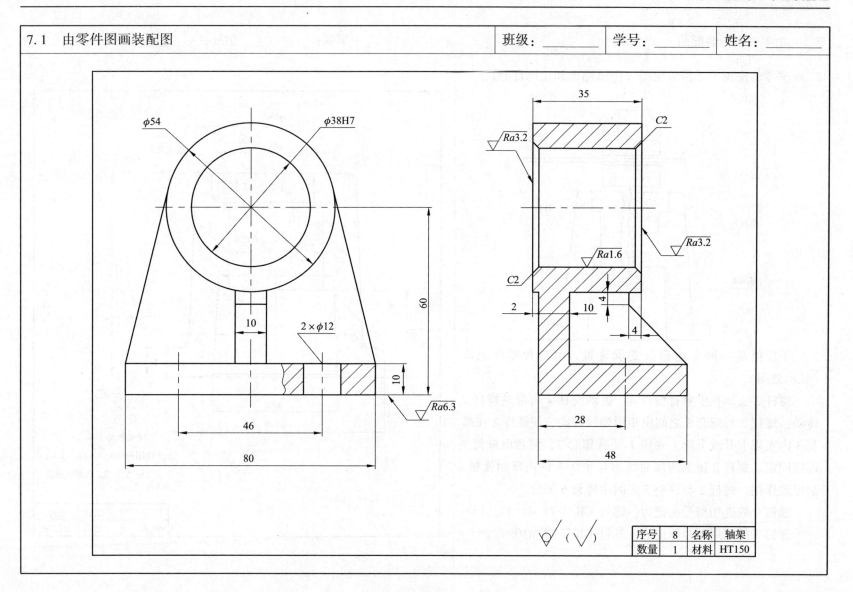

7.1 由零件图画装配图

班级：_____　学号：_____　姓名：_____

2. 根据零件图画千斤顶装配图（图纸幅面和比例自定）。

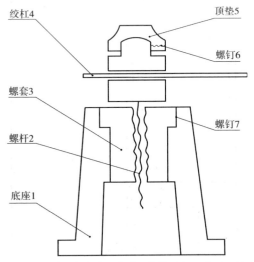

千斤顶是一种手动起重支承装置，由 7 种零件组成（见示意图）。

螺杆 2 头部孔中穿有绞杠 4，扳动绞杠 4 可带动螺杆 2 转动，螺杆 2 与螺套 3 之间由矩形螺纹传动，使螺杆 2 在螺套 3 内实现上升或下降。底座 1 装有螺套 3，两者由螺钉 7 连接固定。螺杆 2 顶部的球面结构与顶垫 5 的内球面接触，起浮动作用，螺杆 2 与顶垫 5 之间由螺钉 6 限位。

螺钉 6 的选用型号标记为：螺钉 GB/T 75 M8×12。

螺钉 7 的选用型号标记为：螺钉 GB/T 73 M10×12。

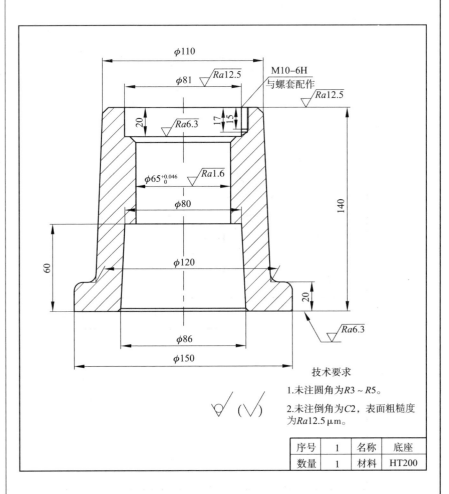

技术要求
1. 未注圆角为 $R3 \sim R5$。
2. 未注倒角为 $C2$，表面粗糙度为 $Ra12.5\,\mu m$。

序号	1	名称	底座
数量	1	材料	HT200

7.1 由零件图画装配图　　班级:_____　学号:_____　姓名:_____

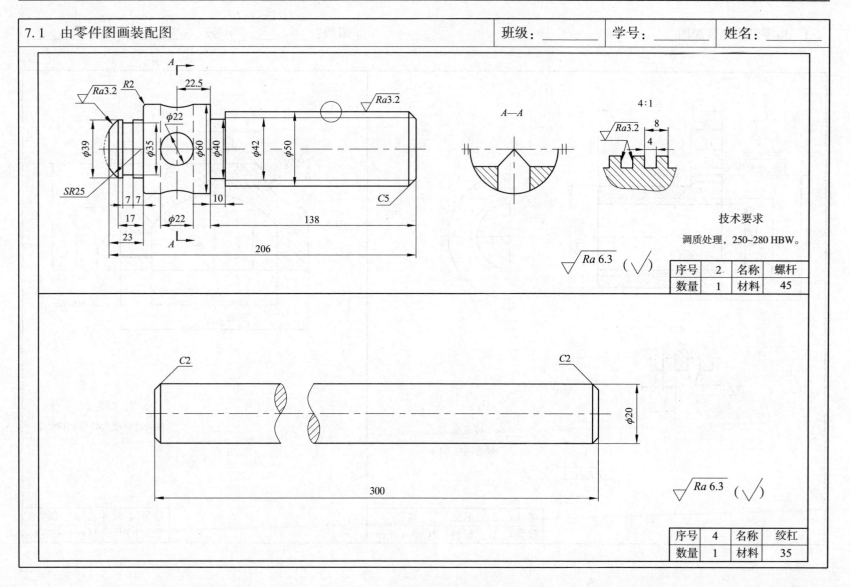

7.1 由零件图画装配图

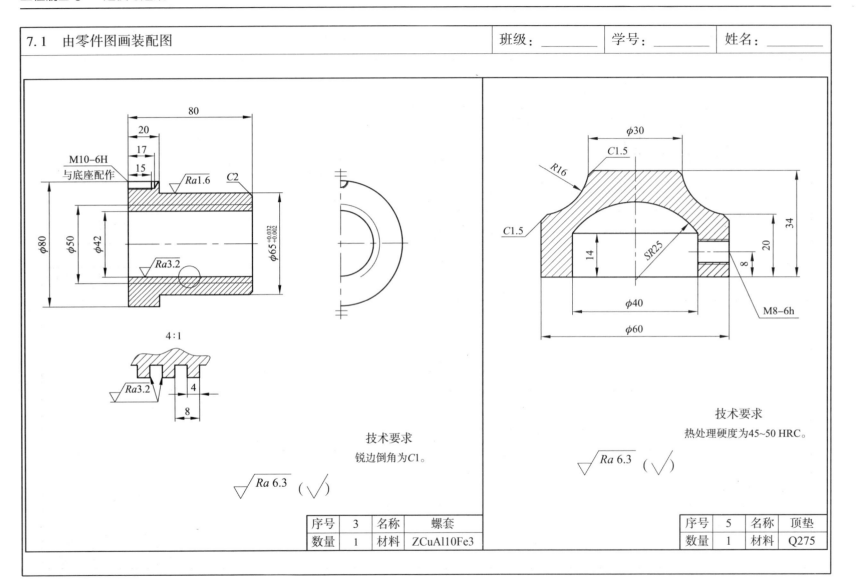

7.1 由零件图画装配图

班级：_____ 学号：_____ 姓名：_____

3. 根据零件图画夹紧卡爪装配图（图纸幅面和比例自定）。

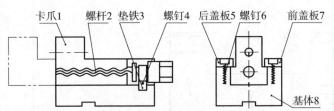

夹紧卡爪是组合夹具，由 8 种零件组成（见示意图）。

卡爪 1 底部与基体 8 凹槽相配合（φ34H7/h6），螺杆 2 的外螺纹与卡爪 1 的内螺纹连接。当用扳手转动螺杆 2 时，靠梯形螺纹传动使卡爪 1 在基体 8 内左右移动，实现夹紧或松开工件（示意图左侧细双点画线区域）。

螺杆 2 的缩颈被垫铁 3 卡住，使它只能在垫铁 3 中转动，而不能沿轴向移动。垫铁 3 用螺钉 4 固定在基体 8 的弧形槽内，为防止卡爪 1 脱出基体 8，用前、后两块盖板（7 和 5）加 6 个内六角圆柱头螺钉 6 与基体 8 相连接。

螺钉 4（2 件）的选用型号标记为：螺钉 GB/T 71 M6×12。

螺钉 6（6 件）的选用型号标记为：螺钉 GB/T 70.1 M8×16。

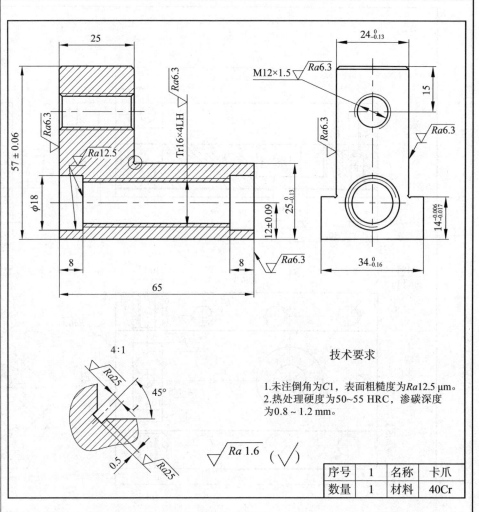

7.1 由零件图画装配图

班级：_____ 学号：_____ 姓名：_____

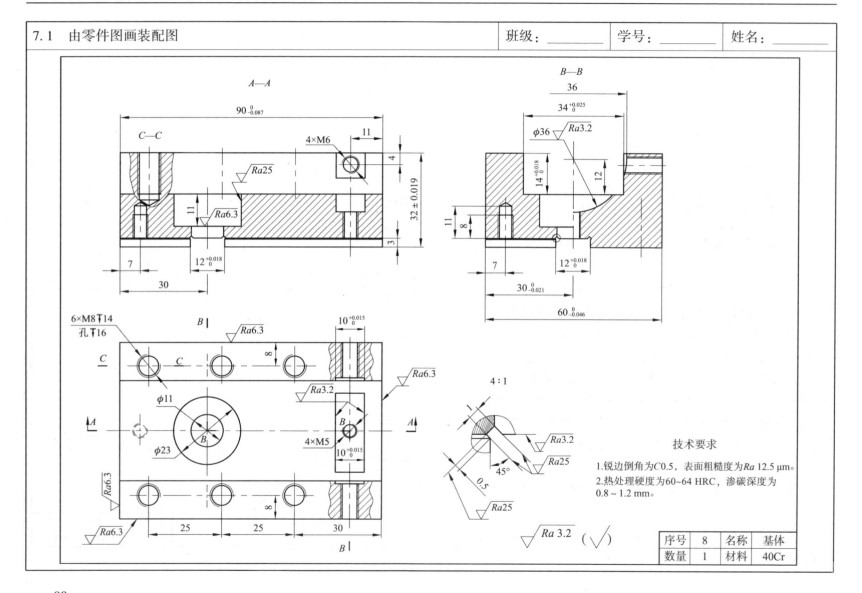

7.1 由零件图画装配图

班级：_____ 学号：_____ 姓名：_____

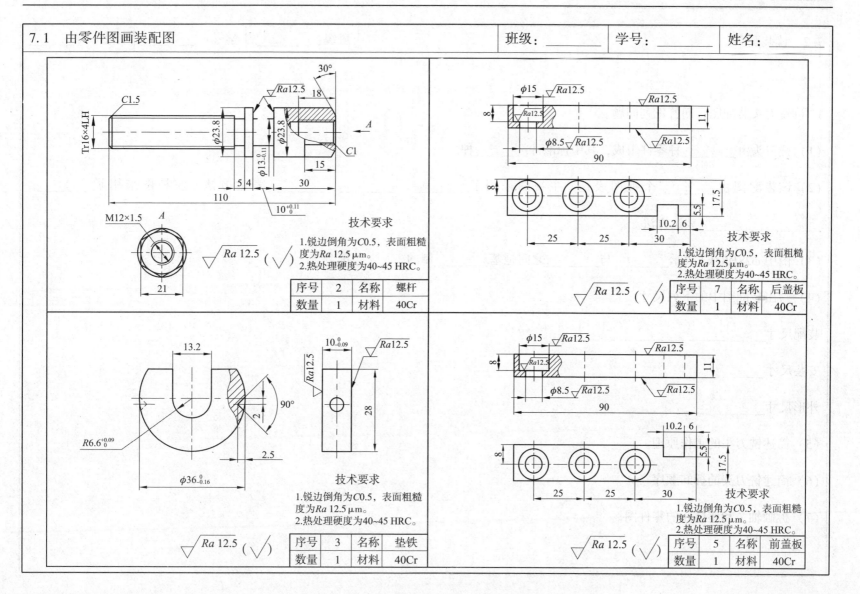

7.2 读装配图　　　　　　　　　　　　　　　　　　　　班级：＿＿＿＿　学号：＿＿＿＿　姓名：＿＿＿＿

1. 读铣刀头装配图，回答下列问题。

(1) 铣刀头由＿＿＿＿种零件组成，其中标准件＿＿＿＿种。

(2) 该装配图由＿＿＿＿个视图表达，主视图采用了＿＿＿＿、＿＿＿＿、＿＿＿＿表达方法，左视图采用了＿＿＿＿、＿＿＿＿、＿＿＿＿表达方法。

(3) 图中 $\phi 28H8/k7$ 表示＿＿＿＿与＿＿＿＿之间是基＿＿＿＿制的＿＿＿＿配合。

(4) 写出装配图中的下列尺寸：

装配尺寸＿＿＿＿＿＿＿＿＿＿＿＿＿＿＿＿；

安装尺寸＿＿＿＿＿＿＿＿＿＿＿＿＿＿＿＿；

外形尺寸＿＿＿＿＿＿＿＿＿＿＿＿＿＿＿＿。

(5) 简述铣刀头的工作原理。

(6) 简述铣刀头的拆卸顺序。

(7) 拆画轴7和座体8的零件图。

7.2 读装配图

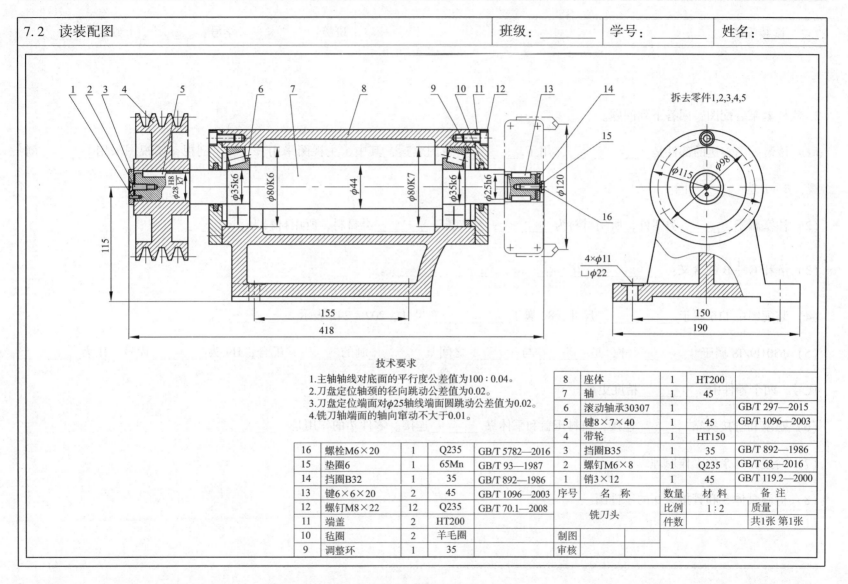

| 7.2　读装配图 | 班级：_____ | 学号：_____ | 姓名：_____ |

2. 读柱塞泵装配图，回答下列问题。

（1）该装配图表达的部件是_____，用了_____个视图表达，其中，主视图采用_____剖视，俯视图采用_____剖视，B—B 为_____图。

（2）柱塞属于_____类零件，所用材料为_____；泵体属于_____类材料，所用材料为_____。

（3）解释 $G\frac{1}{2}B$ 的含义：_____。

（4）装配图中 116 属于_____尺寸，80 属于_____尺寸，202～242 表示_____。

（5）$\phi30H9/f8$ 属于_____尺寸，是_____与_____之间基_____制的_____配合；H9 为_____代号，H 为_____代号，两个零件中，_____精度更高。

（6）螺塞和管接头靠_____连接，填料压盖和泵体靠_____连接。零件 7 的作用是_____。

（7）简述柱塞泵的工作原理。

（8）拆画泵体 5 和管接头 9 的零件图。

7.2 读装配图 班级：_____ 学号：_____ 姓名：_____

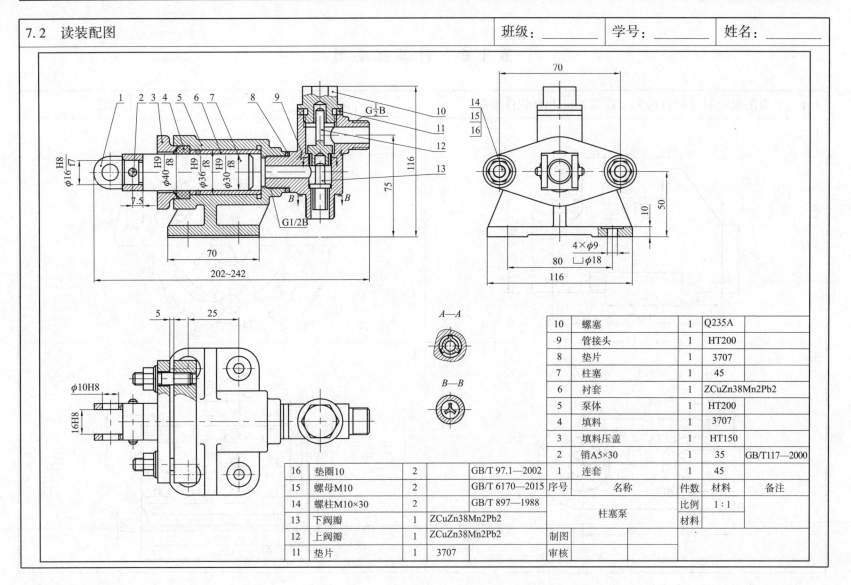

第8章 计算机绘图

| 8.1 平面图形绘制（可自选 Pro/E 或 AutoCAD 软件绘制） | 班级：_____ 学号：_____ 姓名：_____ |

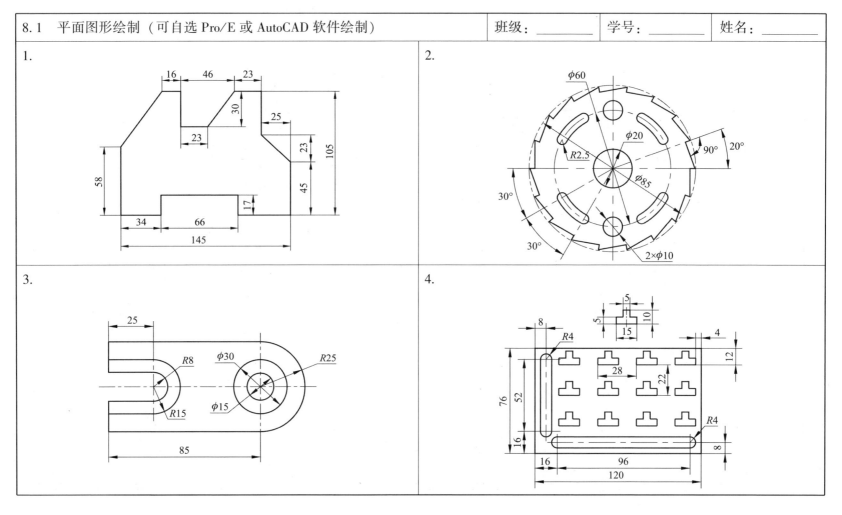

8.1 平面图形绘制　　　　　　　　　　　　　班级：_____　学号：_____　姓名：_____

5.

6.

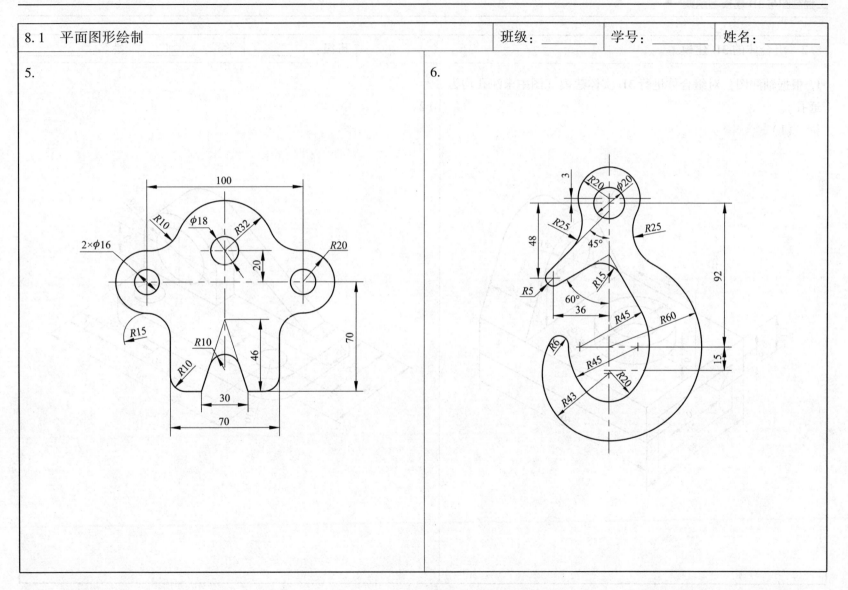

8.2 组合体的 3D 建模

班级：_____ 学号：_____ 姓名：_____

1. 根据轴测图，对组合体进行 3D 实体建模（图中未注孔均为通孔）。

（1）

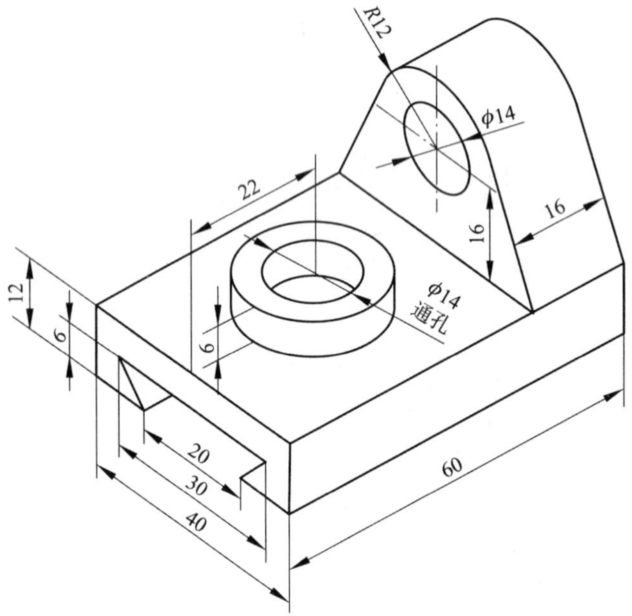

（2）

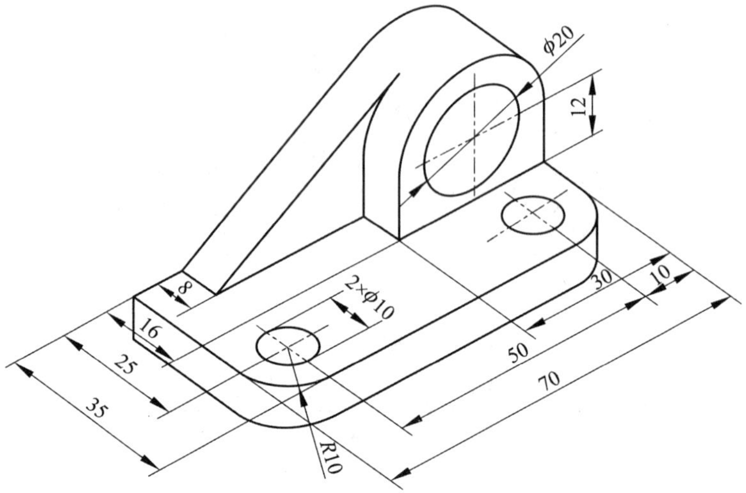

8.2 组合体的 3D 建模　　班级：_____　学号：_____　姓名：_____

(3)

(4)

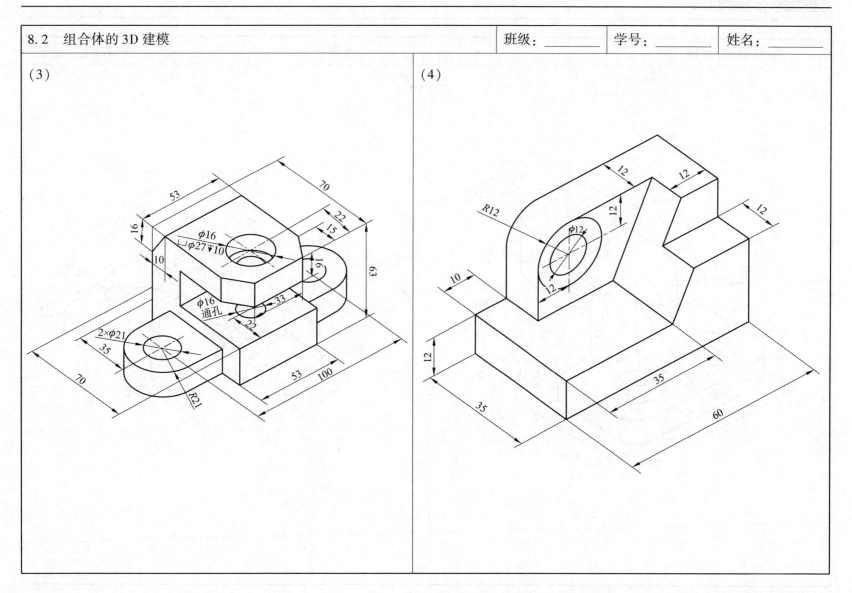

8.2 组合体的3D建模

(5)

(6)

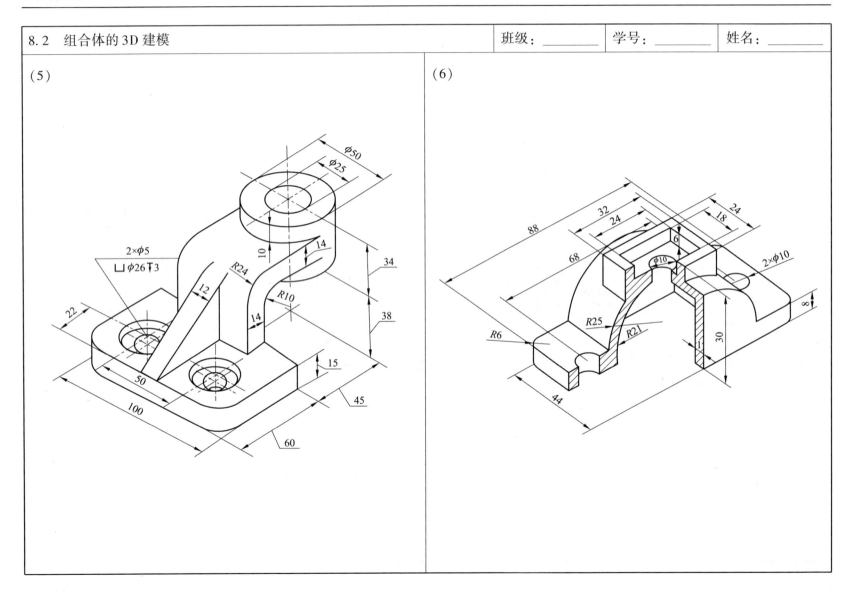

8.2 组合体的3D建模　　　　　　　　　　　　　班级：_____　学号：_____　姓名：_____

2. 根据三视图，对组合体进行3D实体建模。

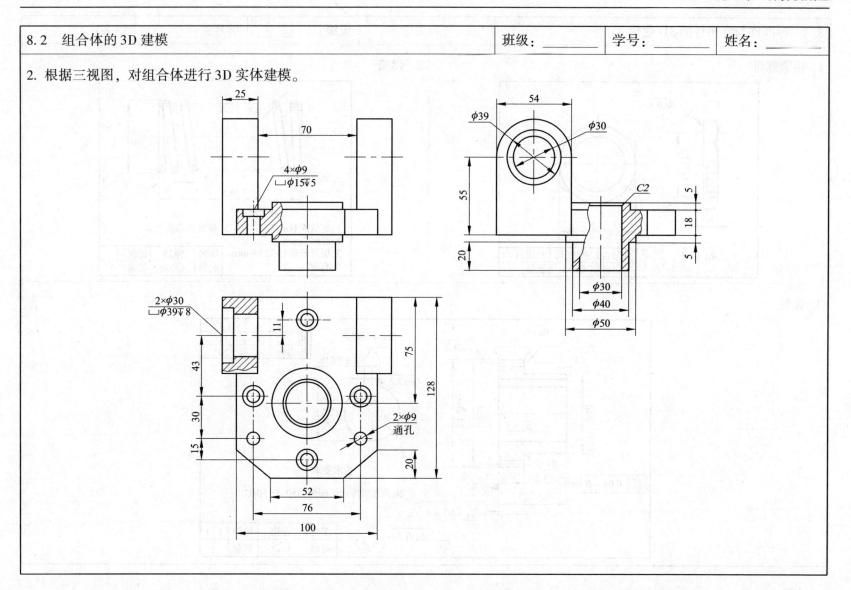

8.3 标准件与常用件的3D建模　　班级：＿＿＿＿　学号：＿＿＿＿　姓名：＿＿＿＿

1. 锁紧螺母

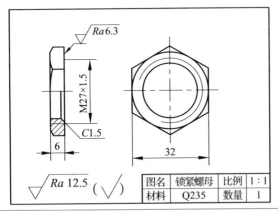

2. 弹簧

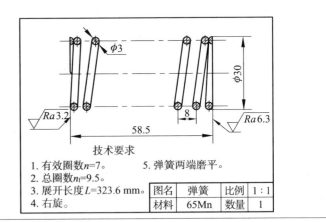

技术要求
1. 有效圈数n=7。
2. 总圈数n_1=9.5。
3. 展开长度L=323.6 mm。
4. 右旋。
5. 弹簧两端磨平。

3. 齿轮

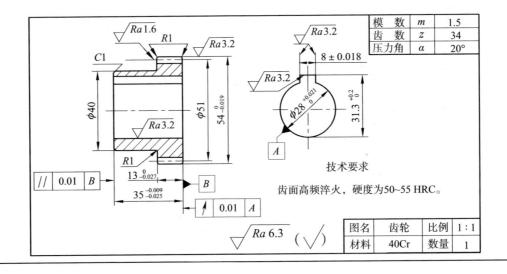

模 数	m	1.5
齿 数	z	34
压力角	α	20°

技术要求

齿面高频淬火，硬度为50~55 HRC。

8.4 典型零件的 3D 建模

班级：_____ 学号：_____ 姓名：_____

1. 泵盖

8.4 典型零件的 3D 建模　　班级：＿＿＿　学号：＿＿＿　姓名：＿＿＿

2. 齿轮轴

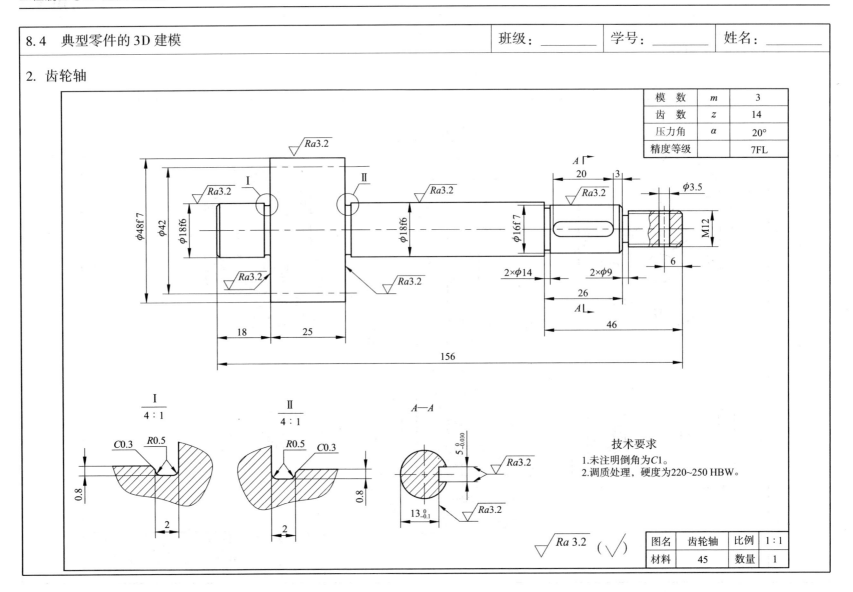

8.5 AutoCAD 绘制零件图和装配图

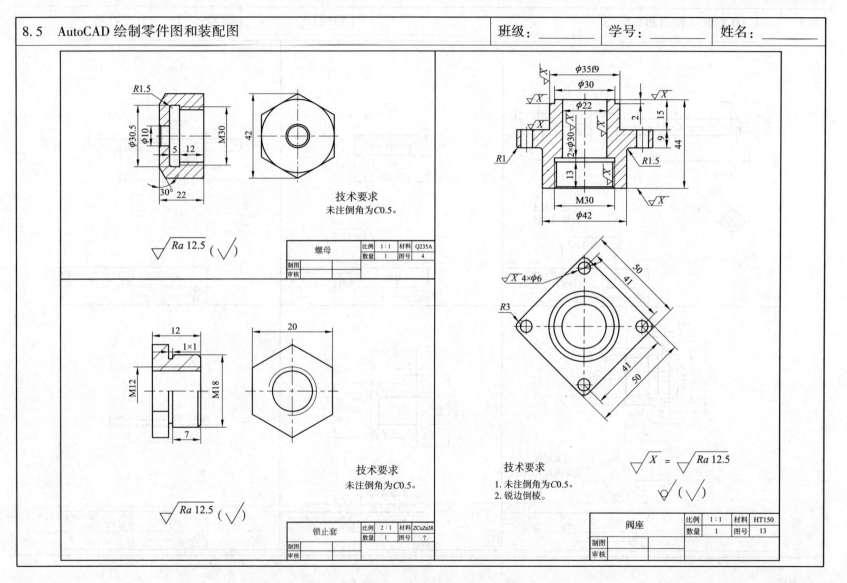

8.5　AutoCAD 绘制零件图和装配图　　班级：＿＿＿＿　学号：＿＿＿＿　姓名：＿＿＿＿

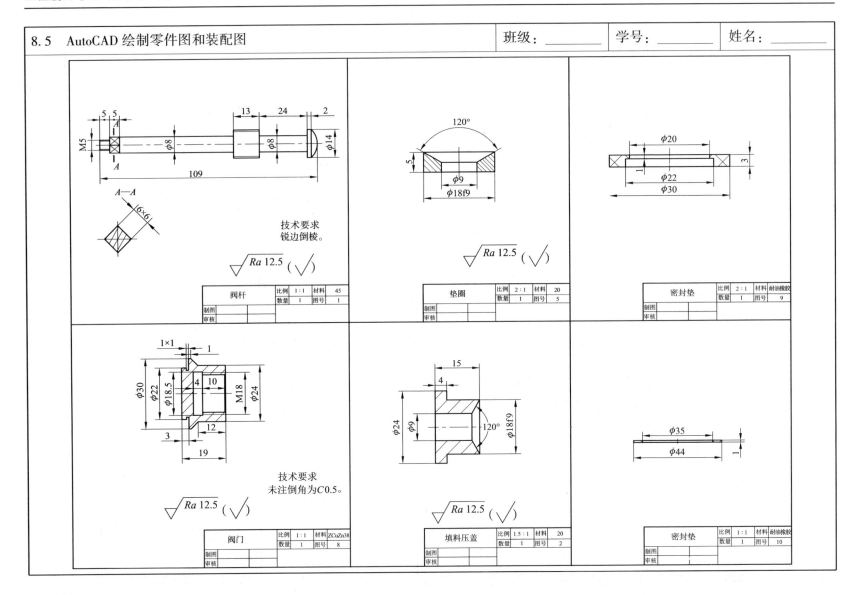

8.5 AutoCAD 绘制零件图和装配图　　班级：＿＿＿　　学号：＿＿＿　　姓名：＿＿＿

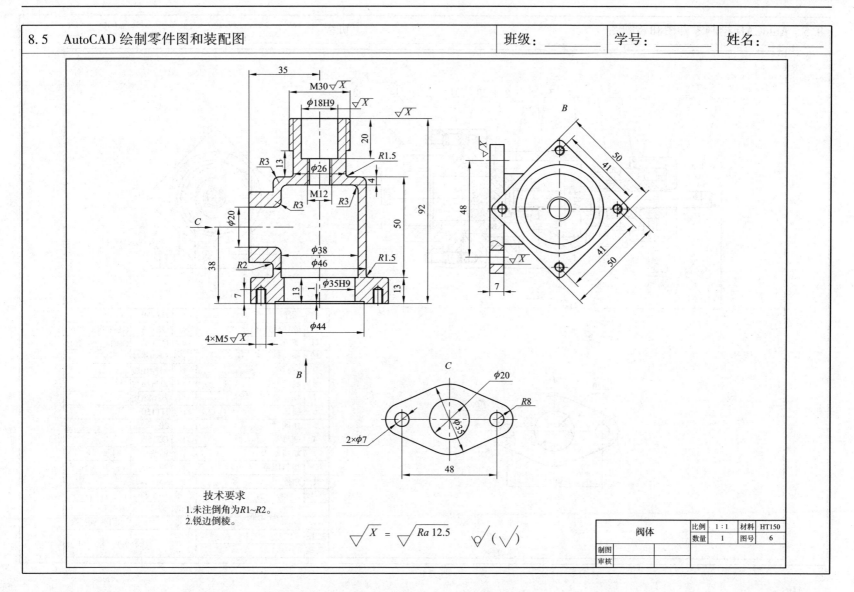

8.5　AutoCAD 绘制零件图和装配图

班级：_____　学号：_____　姓名：_____

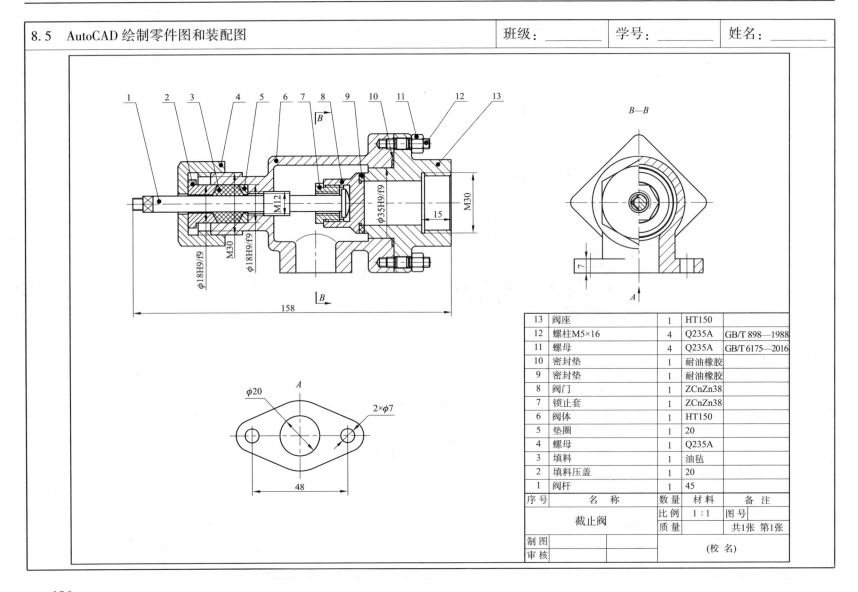

参 考 文 献

[1] 胡建生. 机械制图习题集 [M]. 北京：机械工业出版社, 2017.
[2] 钱可强, 何铭新, 徐祖茂. 机械制图习题集 [M]. 7版. 北京：高等教育出版社, 2016.
[3] 曾红, 姚继权. 画法几何及机械制图学习指导 [M]. 北京：北京理工大学出版社, 2014.
[4] 王丹虹、王雪飞. 现代工程制图习题集 [M]. 2版. 北京：高等教育出版社, 2017.
[5] 大连理工大学工程图学教研室. 机械制图习题集 [M]. 7版. 北京：高等教育出版社, 2013.
[6] 杨裕根, 诸世敏. 现代工程图学习题集 [M]. 4版. 北京：北京邮电大学出版社, 2017.
[7] 周鹏翔, 刘振魁. 工程制图习题集 [M]. 2版. 北京：高等教育出版社, 2000.
[8] 李杰, 陈华江. 机械制图习题集 [M]. 成都：电子科技大学出版社, 2017.
[9] 金大鹰. 机械制图习题集（多学时）[M]. 2版. 北京：机械工业出版社, 2016.
[10] 邱龙辉. 工程图学基础教程习题集 [M]. 3版. 北京：机械工业出版社, 2013.
[11] 张兰英, 盛尚雄. 现代工程制图 [M]. 2版. 北京：北京理工大学出版社, 2010.